こんなにスゴイ！未来（みらい）のせかい

WONDERFUL FUTURE WORLD

監修　増田まもる

東京書籍

もくじ

こんなにスゴイ! 未来のせかい

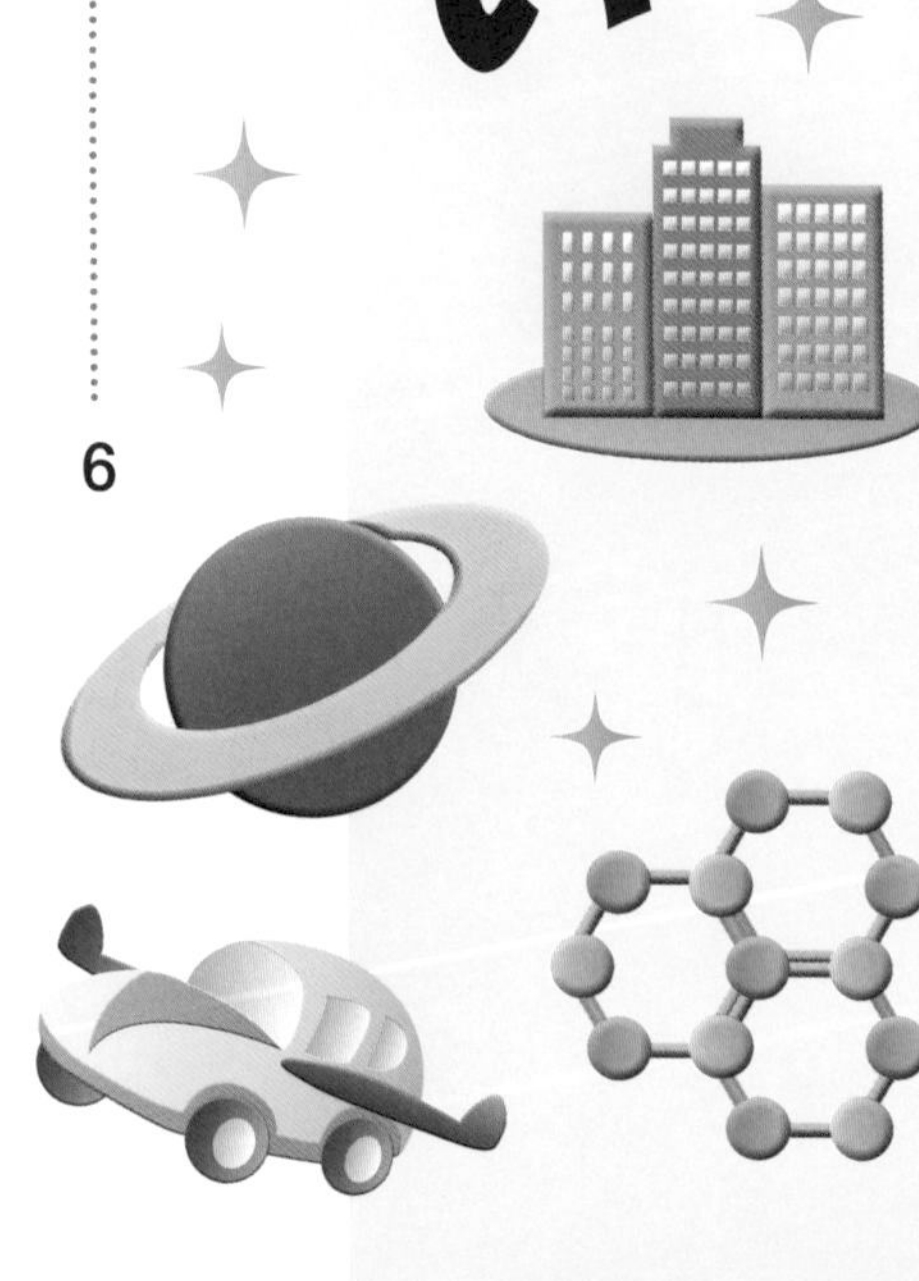

teTra

P.P.K.P

第3章 未来の暮らし 83

本書について

特に記述してあるものをのぞいて、本書に掲載の情報は、2020年7～9月のものだよ。内容が変更になったり、プロジェクトが立ち消えする場合もあるから了承してね。

本編に入るその前に…

「未来」ってなんだろう？

未来とは「まだ来ていないとき」のことだから、明日も数年後も、遠い将来もすべて「未来」だね。

いまはテクノロジーが急速に発達しているから、毎日のように新しい発想や技術が次々に生まれ、これまでの当たり前が当たり前でなくなりつつある。

世界は地球温暖化などの問題に直面しているけれど、みんなで力を合わせれば、解決できるに違いない。

この本では夢のある未来を目指す壮大な構想から実際にプロジェクトが進んでいる実現間近なものまで、ワクワクする「未来のせかい」をたっぷり紹介するよ。それがどんなものか、さっそくチェックしてみよう！

「未来」に関する名言＆格言

未来を考えない者に未来はない
ヘンリー・フォード
（アメリカの起業家。自動車会社フォードの創設者）

いまを戦えない者に、次や未来を語る資格はない
ロベルト・バッジョ
（イタリア生まれのサッカー選手）

現状を把握しなければ、未来は語れない
ピーター・ドラッカー
（ユダヤ系オーストリア人。経営学者）

すべての不幸は未来への踏み台にすぎない
ソロー
（アメリカの作家・思想家・博物学者）

過去から学び、今日のために生き、未来に対して希望をもつ。大切なことは、何も疑問をもたない状態に陥らないことである
アインシュタイン
（ドイツ生まれの理論物理学者）

未来なんてちょっとしたはずみでどんどん変わるから
ドラえもん
（2112年生まれ。未来から来たネコ型ロボット）

第1章

壮大な未来構想10

宇宙への旅も、深海へのアクセスも、空での生活も、夢物語ではなくなってきている。壮大な構想を一挙に紹介！

1 宇宙エレベーター

宇宙へと続く約10万キロメートルの夢のタワー

タワー内を走る鉄道に乗って宇宙と地球を往来できる!

大手建設会社の大林組が2012年に構想を発表して話題となったのが、ロケットを使わずに地球から宇宙へと昇っていく、夢の移動手段「宇宙エレベーター」。これは、宇宙空間から地上に向けて吊り下げられた「タワー」内を走る「電車」と言い換えることもでき、目的地であるステーションまで時速200kmで向かうんだ。

2050年に完成させる計画で、それまでに経済的・環境的・政治的な問題を解決する必要があり、技術面でもさまざまな研究が行われている。

宇宙につながるケーブル

長さは9万6000キロメートルで、カーボンナノチューブ(CNT)でできている。人や物資を乗せる部分を「クライマー」と呼ぶ。

アースポート

赤道付近の海の上に造られる、宇宙エレベーターの拠点。常時5000人が働いていて、観光スポットにもなる予定だよ。

静止軌道ステーション

高度3万6000キロメートルにある、旅行者にとっての最終目的地。最先端の研究・実験施設が集まっているほか、巨大な宇宙太陽光発電パネルを間近に見られる。

豆知識 宇宙エレベーターの研究・開発はアメリカやヨーロッパでも熱心に進められているよ！

宇宙エレベーター 早わかりQ&A

Q どんなもの？

宇宙の静止軌道上に打ち上げられた人工衛星から、地球に垂らした紐（ケーブル）に電車を走らせたもの。駆動エネルギーには太陽光発電を利用するため燃料は必要ないんだ。

Q エネルギーはどうするの？

宇宙太陽光発電システムだよ。静止軌道上で太陽光を集めて発電させるんだ。枯渇することのない再生可能エネルギーで、CO2排出もなく、昼夜も関係なく太陽光を利用できるよ。

Q 何でできている？

物理学者・飯島澄男教授が発見したカーボンナノチューブ（CNT）が素材。CNTは炭素原子でできた軽くてとても強い素材だよ。CNTの繊維をねじり合わせて作るんだ（101ページ）。

Q 費用はどれくらい？

大林組が算出している建設費用は約10兆円。現時点では「使い捨て」のロケットが多いが、それに比べて長期にわたって繰り返し使えることを考えると安価かもしれないね。

▲スタイリッシュな外観。ユニットを連結して造られている

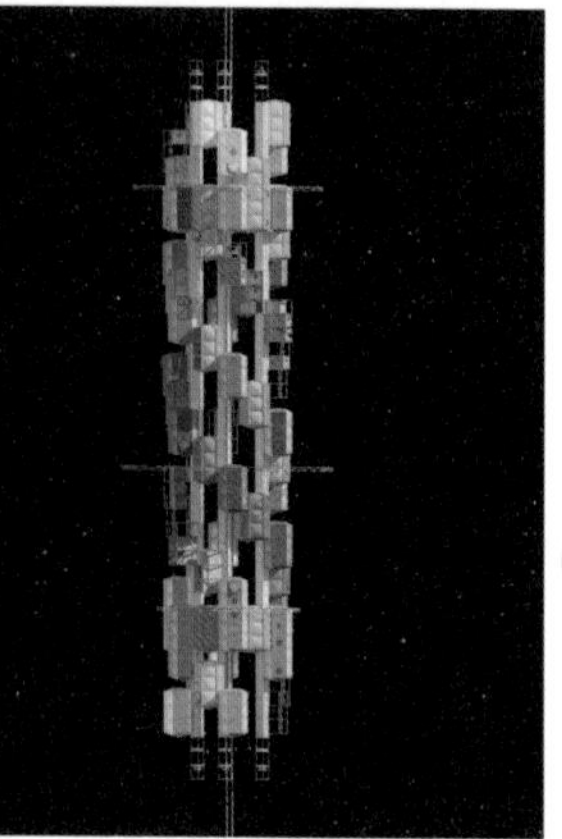

◀全部で66のユニットで構成し、観光客用のゾーン、実験スペースゾーン、宇宙太陽光発電モニタールームゾーンなど、明確にゾーニングされている

各ユニットをインフレータブル（拡張可能）にして宇宙空間でふくらませるんだって！

高度３万6000キロメートルにある 静止軌道ステーション

地球から来る旅行者たちの目的地であり、宇宙における「ターミナル駅」となる場所。ここを拠点にさらに火星連絡ゲートや太陽系資源採掘ゲートへの出発点ともなる。新素材の研究・実験が行われたり、宇宙太陽光発電などの機能ももっている。

早わかりQ＆A

Q 何ができるの？

展望室の小窓から地球や宇宙の星々を眺められるよ。中間の実験スペースでは鉱物などの研究もされるんだ。

Q 何人入れるの？

国際宇宙ステーションなどを参考に算出すると、滞在人数は全部で50人（勤務者が35人、旅行者が15人）の予定だよ。

Q どこにあるの？

地球から高度３万6000キロメートルの、宇宙の静止軌道にあるよ。地球とは異なって、無重力（あるいは微小重力）で真空の空間なんだ。日照面と日陰面で温度差がかなり大きいことも特徴だよ。建設するには建設部材の運送方法や、重力と遠心力の均衡の維持など検討することがたくさんあるんだ。

出発地点は赤道近くのアースポート

ここは、宇宙エレベーターのケーブルを地上に固定し、ケーブルにかかる張力を調整する施設。また、人や資材の搬送の基地ともなり、宇宙と地球を往来するための発着場だ。中央部の円筒空間は、長さ144メートルあるクライマーを収容する場所となっている。

早わかりQ＆A

Q どこにあるの？

安全面や赤道上には熱帯低気圧がないことなどから、アースポートの主要部は赤道付近の海上に建設予定。そして空港やホテル、ビジターセンターなどのサポート施設は広大な面積が必要とされることから、主要部から10キロメートル離れた陸上に建設されるんだ。

Q どんな特徴があるの？

下部はコンクリート浮体で、その上に建物を建設する。「浮かぶ・動く・収容する」、3つの特徴があり、海上を動くこともできるんだ。

Q 大きさを教えて

上部の建物は直径400メートルの円柱状。総床面積は27万平方メートル。勤務者は5000人だよ。

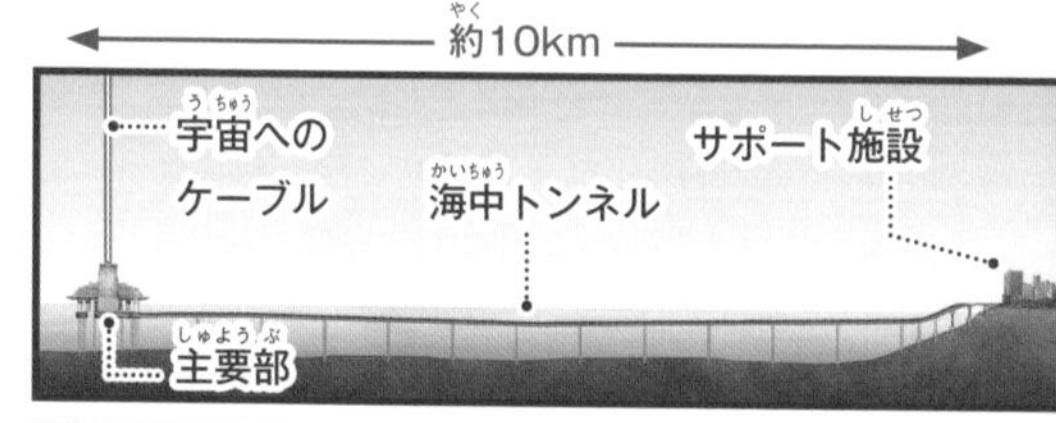

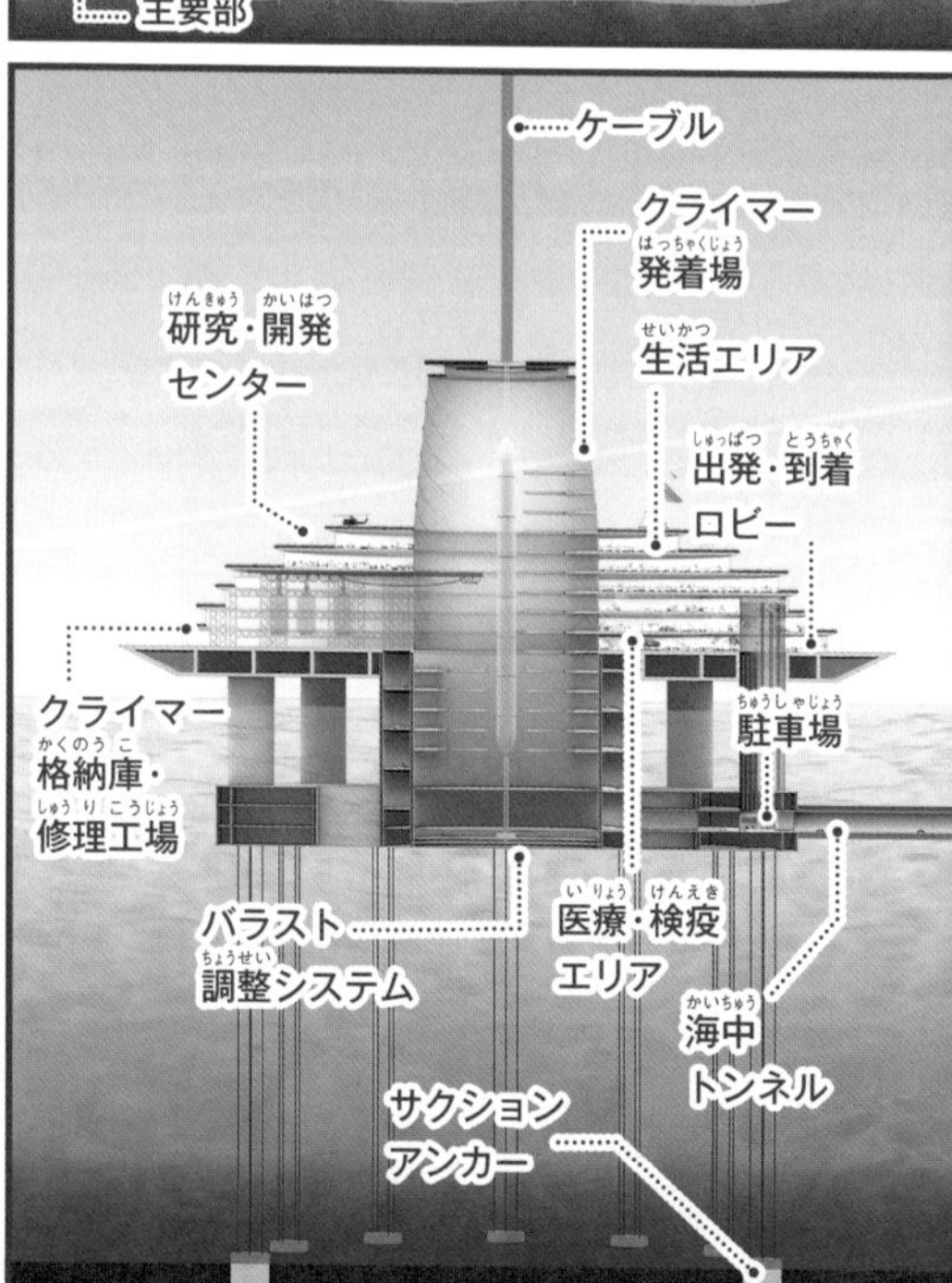

2050年のトラベルプラン
宇宙エレベーターで家族旅行へGO！

出発日
地球から出発！

発着場はアースポート（右記）にある。旅行者と勤務者を合わせた計30人が乗り込んだ宇宙エレベーターは時速200kmでグングン昇っていく。

地球からのコース

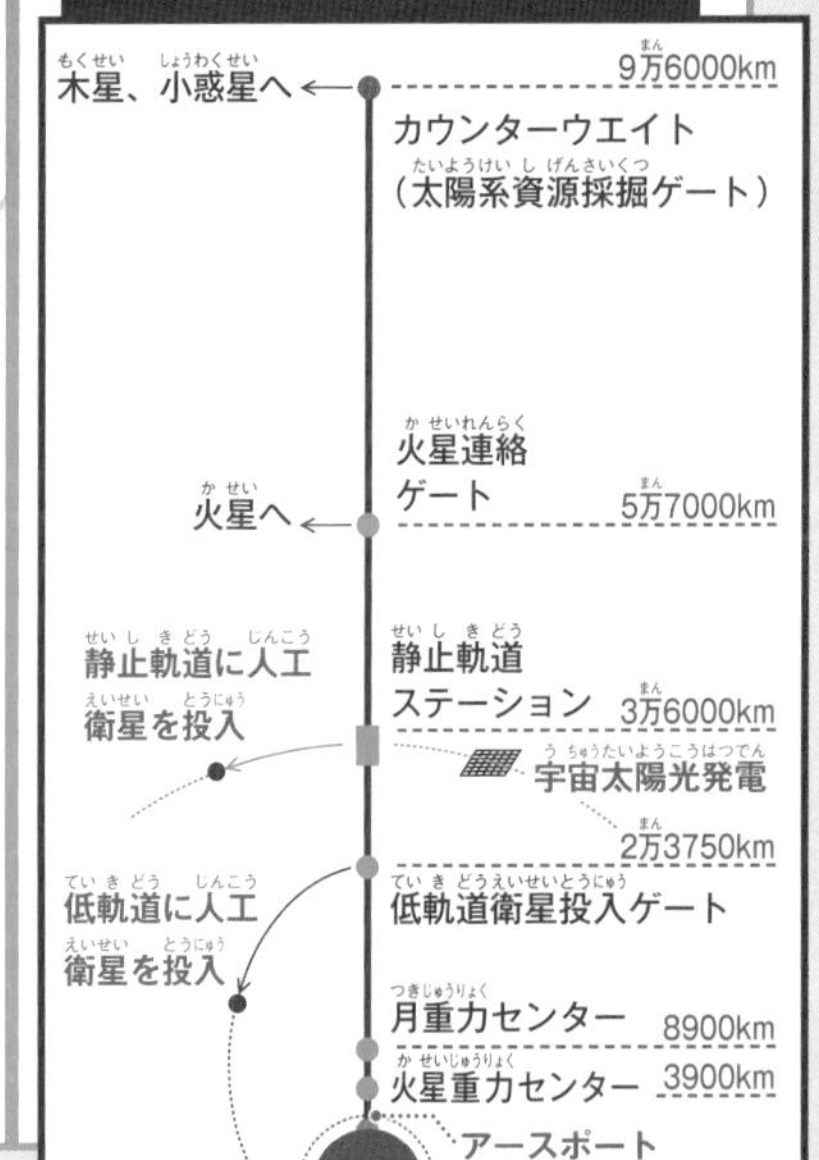

1日目
火星重力センターに到着

ここは常時５人が居住していて、火星重力環境での実験や訓練が行われている。火星に居住地を作るための研究や、トマトや藻類の栽培、魚や鶏の飼育もしているんだ。宇宙旅行の観光地でもあって、火星の重力（0.38G）が体験できるよ。

2日目
月重力センターに到着

高度8900キロメートルまで昇ってきたよ。月と同じ0.17Gまで重力が小さくなって、少し歩くだけで体がピョンピョン跳ねるほど。表面重力が地球の約６分の１で、大気もほとんどないから、昼夜の寒暖差が280度もあるんだって！

3日目
低軌道衛星投入ゲートに到着

高度２万3750キロメートルの低軌道衛星投入ゲートに到着。ここから人工衛星を落とすとちょうど高度300キロメートルの低軌道に投入できるんだって。低軌道の人工衛星の進化は目覚ましく、注目度大だよ！

8日目
静止軌道ステーションに到着

１週間の上昇の末、最終目的地に到着！ クライマーはさらに上昇するけど旅行者はここで下車。静止軌道ステーションに乗り移って、２週間の宇宙滞在を満喫だ。無重力の世界を楽しんだり、宝石みたいに輝く星たちを眺めて、いい思い出を作るぞ！

22日目
地球へと戻る

宇宙の旅もあっというまに終わり。宇宙エレベーターに乗り込んだら、また１週間かけて地球へ帰る。

旅の感想＆費用

宇宙は不思議でおもしろかった！ 地球がとても小さく見えたんだ。世界中から旅行者が来ていて友達もできたよ。費用はひとり４万ドルだって。今度は友達も誘って一緒に行けたらいいな。

豆知識
宇宙エレベーターのアイデアを生み出したのは、ロシア人のユーリ・アルツターノフ氏だよ。

2 宇宙ホテル

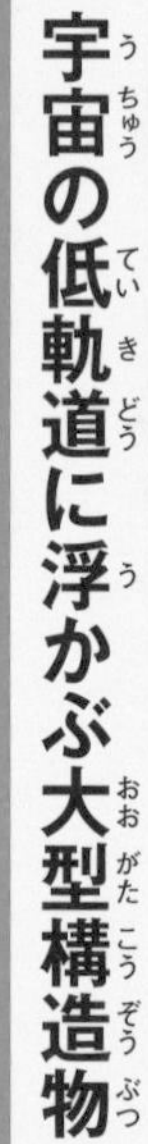

宇宙の低軌道に浮かぶ大型構造物

誰でも気軽に楽しめる宇宙旅行産業が現実化!?

宇宙飛行士しか行けなかった宇宙を誰でも体験できる時代が近づいている！　大手建設会社の清水建設が構想する「宇宙ホテル」は、宇宙の低軌道（高度2000キロメートル以下）に浮かぶ全長240メートルの巨大な構造物。エネルギー・サプライ、客室モジュール、パブリックエリア、プラットフォームの4部で構成される。

特別な訓練をしなくても行けるのがいいね！

宇宙ホテル

早わかりQ&A

Q エネルギーはどうするの？

「エネルギー・サプライ」という設備があって、展開型の太陽電池パネルとバッテリーによって使用するエネルギーを確保するんだよ。

Q ここでの楽しみは？

宇宙ホテルでの楽しみといえば「宇宙から地球を観ること」。青く輝く地球に大気のベール、さまざまな雲、地球の夜明けなど絶景！

Q どんな場所？

誰でも気軽に宇宙空間を楽しむことができるホテルだよ。「プラットフォーム」から滞在客や物資を乗せた輸送機が離発着するんだ。

▲地球と宇宙を結ぶ輸送機

客室モジュール

直径140メートルのリングに、64の客室モジュールを含む104の個室モジュールを配置。リングが1分間に3回転することによる0.7Gの人工重力空間になっており、地球とほぼ同様にくつろげる。

パブリックエリア

ロビー、レストラン、アミューズメントホールなどがある大空間のパブリックエリア。宇宙環境ならではの食事体験や、スポーツ・各種娯楽が楽しめる。

豆知識 高度2000キロメートル以下が低軌道、2000～3万6000キロメートルが中軌道だよ！

3 月面基地

宇宙開発計画の拠点を「月」に作る！

月の資源を活用しながら段階的に拡張＆発展

近い未来、月面では科学・天体観測・各種実験、月資源の活用、観光などさまざまな活動のための建造物が建設されると考えられる。そんな将来の宇宙開発計画における重要なインフラ（基盤施設）のひとつになると思われるのが「月面基地」だ。清水建設が地上で培ってきた多くの建設技術を応用して実現を目指している！

初期の建造物はインフレータブル式（現地で資材をふくらませる方法）などで行い、徐々に月の資源を使って建造していくんだって！

▶コンクリートモジュールを製造し、施工するイメージ

▲月面の植物工場。月での生活に必要な植物の生産をはじめ、月面拠点の建造物に利用できる材料や構造の研究なども行う

◀初期の拠点イメージ。段階的に拡張する

月面基地

早わかりQ&A

Q 地球から資材を運ぶの？

初期段階の建設資材は地球から運ぶことになる。月での作業は過酷なため、人間の作業を減らすことも大きな課題なんだ。

Q 誰が考えたの？

大手建設会社・清水建設の「フロンティア開発室」のメンバーだよ。宇宙や海洋の研究開発に取り組んでいるんだ。

Q どんな場所？

月面基地に住んで、いろいろな研究や実験をしたり、月の資源を調べたり……宇宙開発計画の拠点となる場所だよ。初期は比較的簡単に組み上がる方法で建築を行って、その後は月の資源を活用して少しずつ基地の拡張をしていくんだ。清水建設の総合技術力を活かして構造、材料、施工技術、施設配置計画、居住環境など多方面から研究が進んでいるよ。

豆知識 月面基地の構想は各国にあるほか、NASAも「アルテミス計画」による基地の建設を進めるよ！

日本の宇宙ベンチャー企業の挑戦！

ispaceが実現を目指している

月面探査プログラムとは？

早わかりQ&A 月面探査プログラム

Q 何から始めるの？

まずはミッション1の2022年「月面着陸」が目標。そして、ミッション2の2023年「月面探査」を目指すんだ。

Q HAKUTO-Rって何？

月探査ミッション1･2の統括プログラムのこと。独自のランダー（月着陸船）とローバー（月面探査車）を開発してプログラムを行うよ。JAL、三井住友海上、日本特殊陶業、シチズン時計、スズキ、住友商事、高砂熱学工業がパートナー企業として参加するほか、TBS、朝日新聞、小学館がメディアパートナーとして支えるよ。

Q どんなプログラム？

2040年に1000人が月へ移住する「ムーンバレー構想」に向けて、段階的に月面探査や月面開発を行っていくよ。

Q どうして開発するの？

宇宙資源活用のためだよ。まずは月の水資源を使って宇宙インフラを構築し、人類の生活圏を宇宙に広げるよ。

Q 誰が考えているの？

日本の宇宙ベンチャー企業「ispace」の人たちだよ。国籍も経歴もさまざまなスタッフが集結しているんだ。

プロジェクトはすでにどんどん進んでいるんだね！

もう夢やSFの世界ではない!? 宇宙開発はもうすぐ始まる！

国内外で宇宙開発・宇宙産業が急速に進み、大きな盛り上がりをみせている。なかでも注目なのは、日本の宇宙ベンチャー企業「ispace」が手がける月面探査プログラムだ。2023年までに行うミッションの統括プログラム「HAKUTO-R」は、2022年に月面着陸、2023年に月面探査を目指す。現在、7つの企業がパートナーとして参加しており、その注目度・期待度は抜群だ。

▲日本初、民間主導でランダー（月着陸船）を月面着陸させる

▲世界最小・最軽量の、超小型ローバー（月面探査車）であらゆる要望に対応していく

▶民間月面探査レース「Google Lunar XPRIZE」のために開発されたローバーをもとにして、月面探査を実現させる

宇宙で経済が まわる時代が 近づいてきている んだね！

Check! 2040年に1000人が月に暮らす「ムーンバレー構想」

2040年、月に開発された街の名前が、「ムーンバレー」。1000人が暮らし、建設、鉄鋼、通信、エネルギー、農業、医療などさまざまな分野で働く人がいる。地球からは定期便が発着し、世界中から年間1万人が訪れ、宇宙観光も実現するぞ！

4 オーシャン・スパイラル

人と深海をつなぐ…深海未来都市

深海が持つ可能性で多方面から地球再生を目指す

地球の表面の70％は海であり、その約80％は深海である。そんな地球ならではの特性を活かした壮大な構想を清水建設が発表している。深海には「食糧」「エネルギー」「水」「CO_2」「資源」といった、私たち地球人が直面している課題を解決するポテンシャルがあり、その〝深海力〟で地球再生を目指そうというわけだ。深海がもっているパワーで安心・安全な未来が期待できるぞ！

インフラ・スパイラル

その名の通り、グルグルとらせん状（スパイラル）になった大量輸送可能な列車が走れるトンネルすなわちインフラ（＝生活に必要な公共施設）のこと。

オーシャン・スパイラル
早わかりQ&A

Q どんな場所？

大気・海面・深海・海底を垂直につないだ、深海と人をつなげる未来型都市。地球最後のフロンティアともいわれる「深海」のパワーを活用し、あらゆる面から地球再生を目指すんだ。

Q なぜこれを考えたの？

人類の未来には、世界的人口増加による「食糧不足」や、枯渇が懸念されている「エネルギー」、異常気象による「水不足」など問題が山積している。また、地球温暖化防止のために「CO2削減」や「各種資源の枯渇」についても課題となっている。深海には、人類が抱えるこれらの問題や課題を解決できるポテンシャルがあるからだよ！

Q 大きさや深さは？

ブルー・ガーデンは樹脂製のコンクリートでできた直径500メートルの球体型潜水都市。インフラ・スパイラルは水深3000～4000メートルの海底に向かってらせん状に伸びているよ。

Q どこに造るの？

「沿岸地域の海」「海洋島国の海」「砂漠地域の海」など、世界のあらゆる海が想定されているんだ。水深3000～4000メートルで海底の地形が平らになっているところが候補だよ。

豆知識
「深海」には明確な定義はなく、一般的には水深200メートル以上の海域のことをいうよ。

ホテル・商業・コンベンション
レジデンス　オフィス
共同住宅　研究所・実験室

Ⓐグランド・エントランス
Ⓑ深海スイートルーム
Ⓒ展望ゴンドラ
Ⓓ深海プロムナード
Ⓔ深海歩廊
Ⓕ深海パーク
Ⓖセントラルプラザ
Ⓗ深海ゴンドラ乗降口
Ⓘ真水の泉

オーシャン・スパイラルの拠点 ブルー・ガーデン

ここが深海都市の重要な“足場”となる部分。直径500メートルの球体内に、ホテルやオフィス、居住スペースなどさまざまな施設が入っている。深海発の新産業ビジネスが生まれたり、深海観光の拠点にもなるはずだ。

早わかりQ&A

Q 大きさや人口はどのくらい？

直径500メートルの球体内に、海面階～深海75階まであるよ。定住者は4000人、来訪者は1000人で計5000人が入れる想定なんだ。

Q 何でできているの？

３Ｄプリンターを使って強度の高い樹脂コンクリートで造る。外壁の窓の部分の素材は透明なアクリル板とFRP（繊維強化プラスチック）リブでできているよ。

遠くに大型客船も見えるよ。世界中からたくさんの人が来るんだね

▼近未来的な外観。深海への夢のアクセスがはじまる！

豆知識 深海は太陽の光が届かないため暗くて寒い。99.9%の光を吸収する黒い深海魚もいるよ。

外壁の樹脂コンクリートにはペットボトルリサイクル材も使われているよ

❶開放感満点のアトリウム。一辺50メートルの三角形アクリル版で強度が保たれる ❷深海プロムナード。深海を感じ、学び、語り合う場所 ❸中央タワーにある、ビジネスゾーンのセントラルプラザ ❹球体で、水圧を受け止める設計

海面と深海を結ぶ、らせんの運搬機能
インフラ・スパイラル

ベースキャンプのブルー・ガーデンと海底のアース・ファクトリーを結ぶ部分。大量輸送可能な列車が走り、往路は人・電気・水・酸素などを、復路は人・海底資源・生物資源などを運搬する。

早わかりQ&A

Q 何をする場所なの？

インフラを作る・整える場所だよ。「電気」は海水温度差を利用して発電し、「食糧」は深層水を利用して養殖する、「水」は水圧を利用して淡水化するんだ。深海探査艇の港（補給基地）や深海モニタリングの拠点もあって、海洋環境や生物のモニタリングも行うんだ。

Q 大きさや長さは？

直径600メートルの円弧を描いていて、全長は15キロメートル。とても長くて大きな、らせん状の構造物だよ。

水深3000～4000メートルに位置
アース・ファクトリー

海底部分にあり、インフラ・スパイラルを走る大量輸送可能な列車の終点。ここでは産業排出CO2の貯蔵や再利用、海底資源の開発や育成が行われる。深海に関する最先端の研究をしてもっと先の未来へ可能性をつなげるんだ。

漆黒の深海の世界へ行ってみたいな！

早わかりQ&A

Q 何をするところ？

環境問題となっているCO2を深海で処理・再利用するんだ。深海のCO2処理能力は無限だよ。海底の掘削や調査もされるよ。

Q 大きさは？

外径1500メートルの超巨大なリング状の構造物だよ。“深海の海底にある工場”で、研究者や作業員が作業を行うんだ。

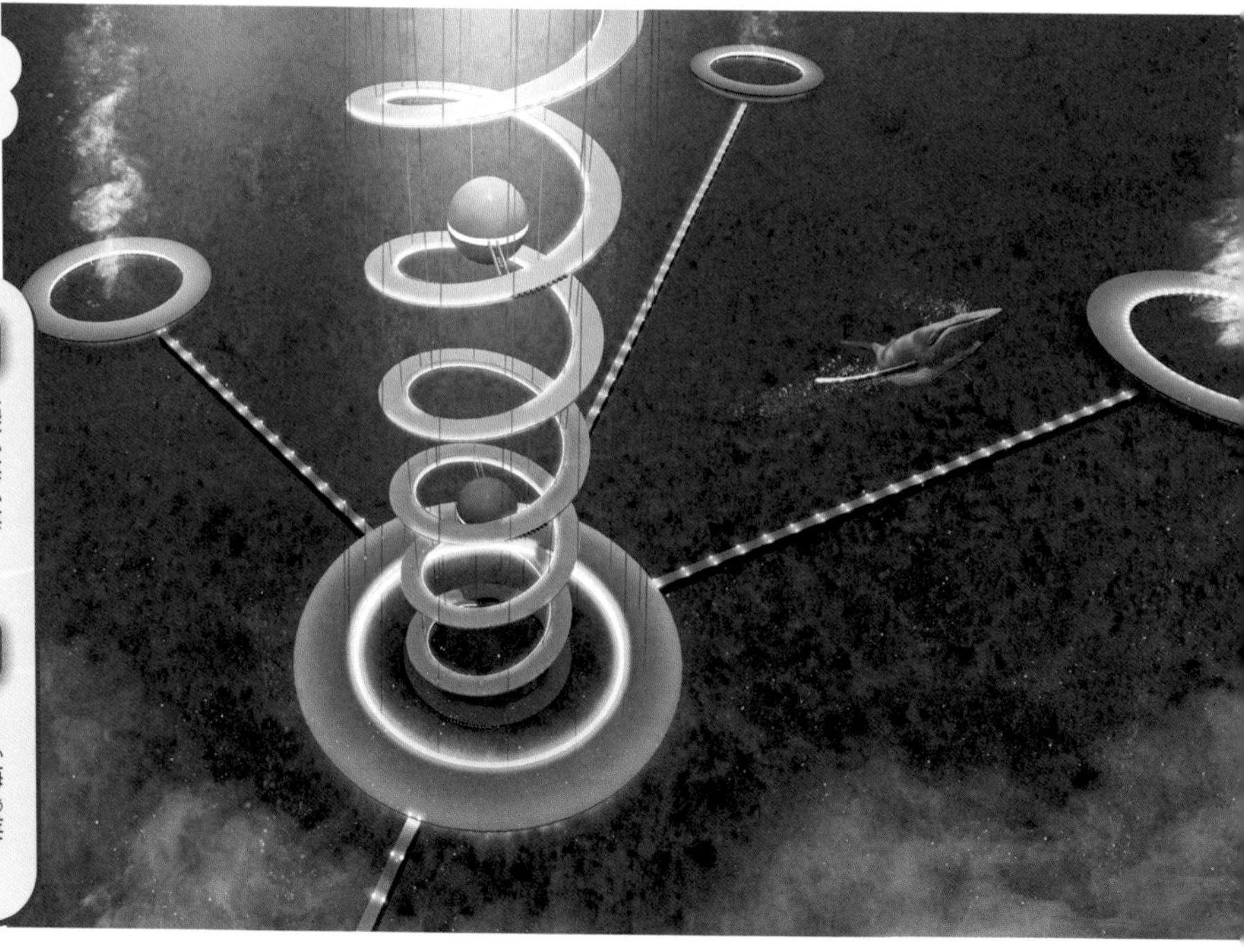

ポテンシャルとは「潜在的な力」「可能性として潜在している能力」といった意味がある。いまはまだ活かしきれていない深海のポテンシャルを、「オーシャン・スパイラル」がとことん引き出してくれるぞ！

食糧・エネルギー・水・CO2・資源…
5つの深海ポテンシャル

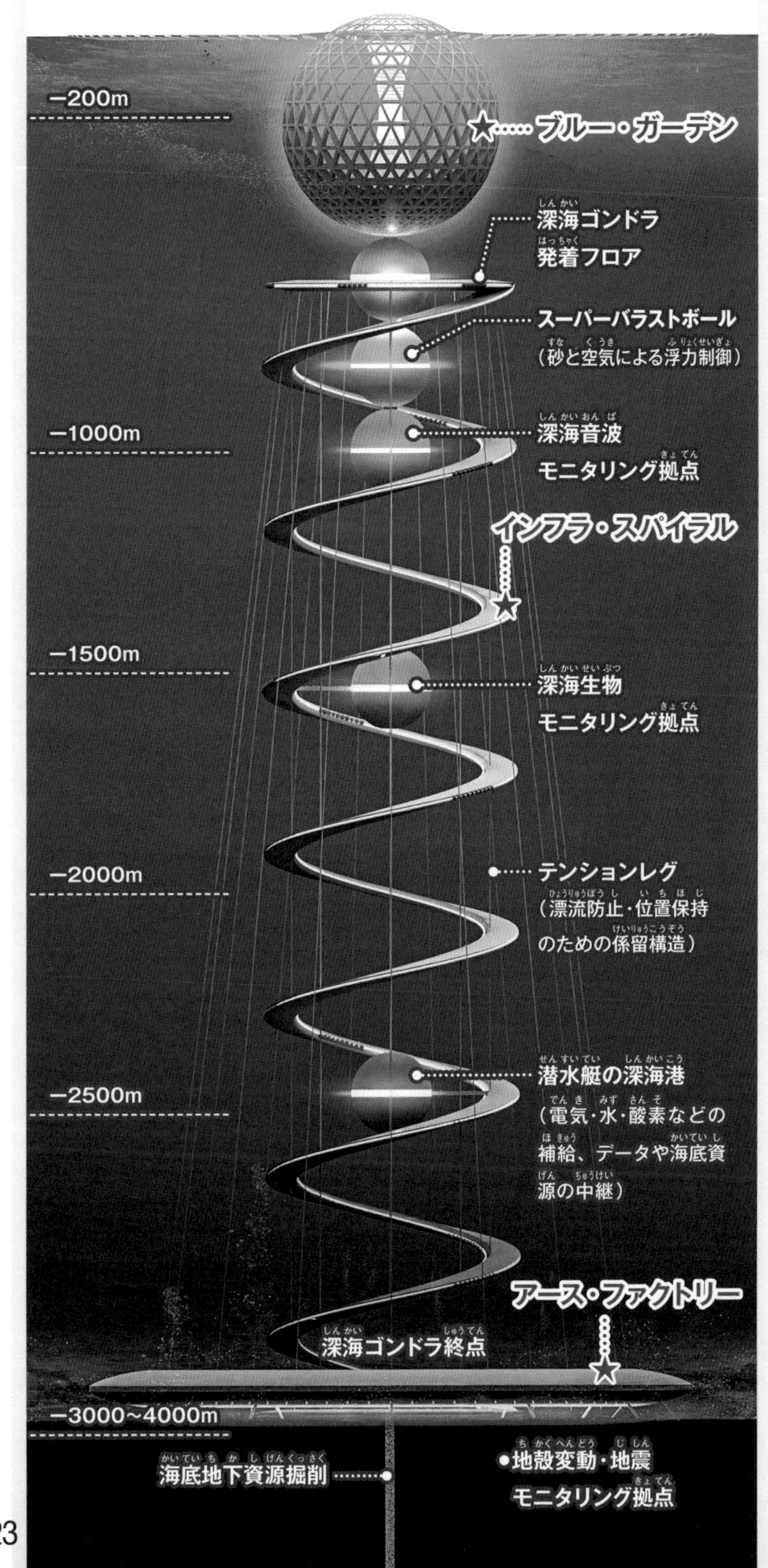

早わかりQ&A

Q 食糧はどうするの？

深海の温度と栄養を活かし、水深300メートル地点で、囲い壁の沖合養殖漁業をするんだ。きれいで冷たくて栄養分豊富な沖合の水で育てる魚はおいしいよ。

Q エネルギーはどうするの？

赤道から緯度20度以内の海洋の表面と、水深1000メートルの深海の温度差は20℃。その温度差を利用して熱機関を動かすことで発電させる仕組みだよ。

Q 水はどうするの？

深海の圧力差を利用して、逆浸透膜式海水淡水化をする。ろ過膜の一種で、水以外の不純物を透過しない性質をもつ膜を利用して淡水化するんだ。

Q CO2はどうするの？

地球本来の炭素循環システムを利用し、「エネルギー」＋「水」＋「海底下微生物」でCO2からメタン（バイオガス）を製造。

Q 資源はどうするの？

資源の宝庫である熱水噴出孔を人工的に作り、人工熱水噴出孔から鉱物資源を育てるよ。

豆知識 この構想は2050年頃の実現を目指していて、社会のニーズに合わせて技術開発が進められるよ。

5 グリーン・フロート

太平洋に浮かぶ〝植物〟のような環境未来都市

太陽と大洋の恵みを受けて環境に優しい暮らしを追求

太平洋上の赤道直下に、直径3000メートル、高さ1000メートルの浮体式人工島を建設し、街→都市→国家と、睡蓮のように増殖していく未来都市……。

それが「グリーン・フロート」だ。

清水建設の未来構想、「シミズ・ドリーム」として2008年に発表されたもので、世界的にも話題となった。近い将来の実現を目指すと発表されているが、どんなものなのか、要チェックだ！

空中都市

3万人が暮らす空中都市。地上700～1000メートルに位置し、空と緑をたっぷり感じられる。

陸の森

林、田畑、水路、ため池、草原などが混在することで多様な生物の生息・育成空間に。

海の森

沿岸部に自然生態系と調和した浅瀬域を設置。水質浄化や生物多様性の充実をはかる。

ターミナル（船舶）

世界中からの船が到着するターミナルがフローティングシティごとに数か所ある。

グリーン・フロート

早わかりQ&A

Q 誰が考えたの？

清水建設の「シミズ・ドリーム」という未来構想プロジェクトのメンバーだよ。現在は「フロンティア開発室」で実現に向けて活動中。

Q 大きさや広さは？

ひとつの街（１セル）の直径が２～３キロメートルで、そこに１～５万人が居住するイメージ。それが増殖して都市や国家になるんだ。

Q なぜこれを考えたの？

人々の幸せのありかたや、環境問題のこと、自然災害のことなど、さまざまな面から「新しい豊かさ」のために構想が練られたんだよ。

Q どんな場所？

本当の幸せとは何か？を追求して考えられた、植物のように成長していく環境未来都市。植物質（グリーン）な海上都市（フロート）だ。

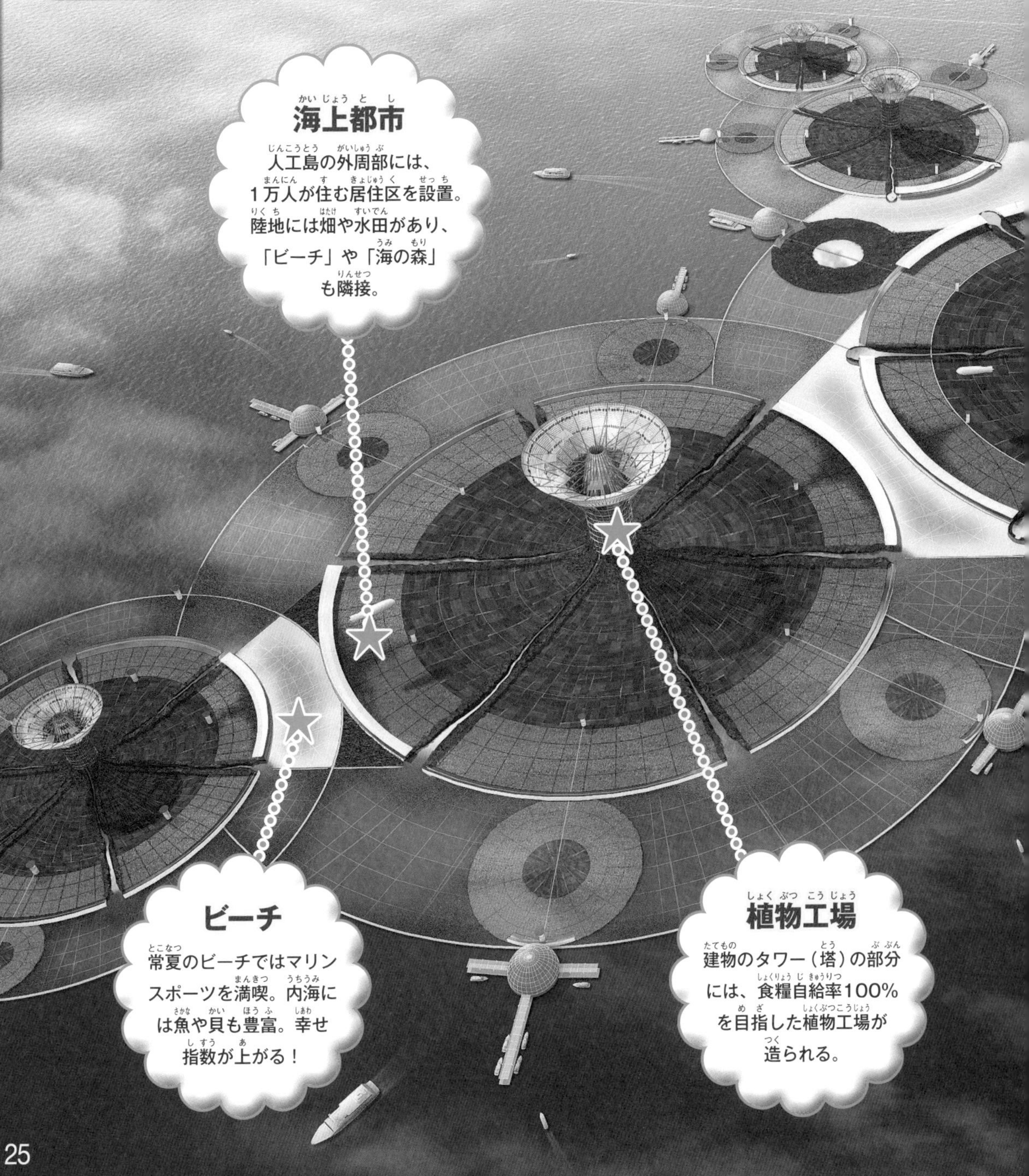

海上都市

人工島の外周部には、
１万人が住む居住区を設置。
陸地には畑や水田があり、
「ビーチ」や「海の森」
も隣接。

ビーチ

常夏のビーチではマリンスポーツを満喫。内海には魚や貝も豊富。幸せ指数が上がる！

植物工場

建物のタワー（塔）の部分には、食糧自給率100%を目指した植物工場が造られる。

豆知識 似た構想で、国連が発表した「水上浮遊都市（フローティングシティ）プロジェクト」もあるよ！

空中・水辺・タワーの3部分で人と生物が共生

「グリーン・フロート」には世界中の最新テクノロジーを集結させる。そして、①CO_2削減・省エネ ②生態系・緑化 ③自給自足・リサイクル ④安全・安心 ⑤海上建築・施工 といった、5つの取り組みを掲げているんだ。環境問題など、私たち地球人にとっての課題をしっかりとクリアし、人と生物がバランスよく共生することを可能にする未来都市というわけだ。また、太平洋上の赤道直下というこのロケーションは「太陽の恵みが多く、最も台風の影響が少ない」ため地域ポテンシャルも高い。

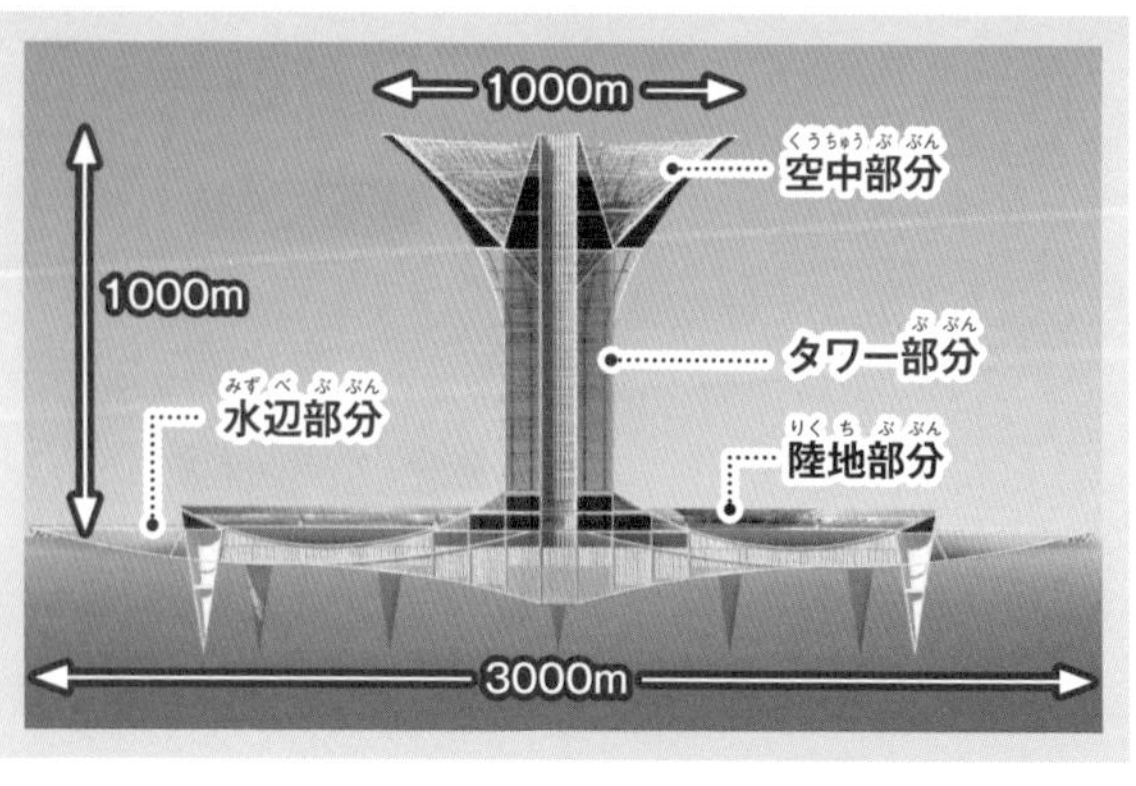

▶火災・避難対策をはじめ、強風、波浪、地震・津波対策などもしっかりと練られている

▲個性的な見た目の未来都市。環境に負荷をかけず自立した都市を目指す

まわりにビルや家がなくて開放感満点だね

早わかりQ&A

Q 食糧はどうするの？

海と山の幸を育み、食糧自給率100%を可能にするんだ。新鮮な野菜を必要なときに必要な量だけ生産・収穫し、ムダをなくすことを考えているよ。

Q エネルギーはどうするの？

宇宙太陽光発電、海洋温度差発電、波力発電、風力発電、地上太陽光発電など、再生可能エネルギー（96ページ）を最大限活用する構想になっているよ。

Q ゴミはどうするの？

リサイクルプラントを設置し、生ゴミなどの生活ゴミは植物を育てるための栄養として使う。紙くずや廃材はエネルギーに変換して再資源化をしていくよ。

Q 何でできているの？

海水を主原料として精錬したマグネシウムの合金を構造材料にするよ。また、海上の人工地盤施工はハニカム接合構造といって、90%以上が空気なんだ。

100万人で１国家の構想なんだね。フィジーの人口が約90万人だからそれよりも多いんだ！ 日本だと仙台市や千葉市の人口くらいだね。

Check! 睡蓮のように増殖するアーバンビレッジ

歩いて行ける半径1キロメートルのコンパクトなアーバンビレッジ規模を1セルと定義。1セル→1モジュール→1ユニットとどんどん広がっていく。

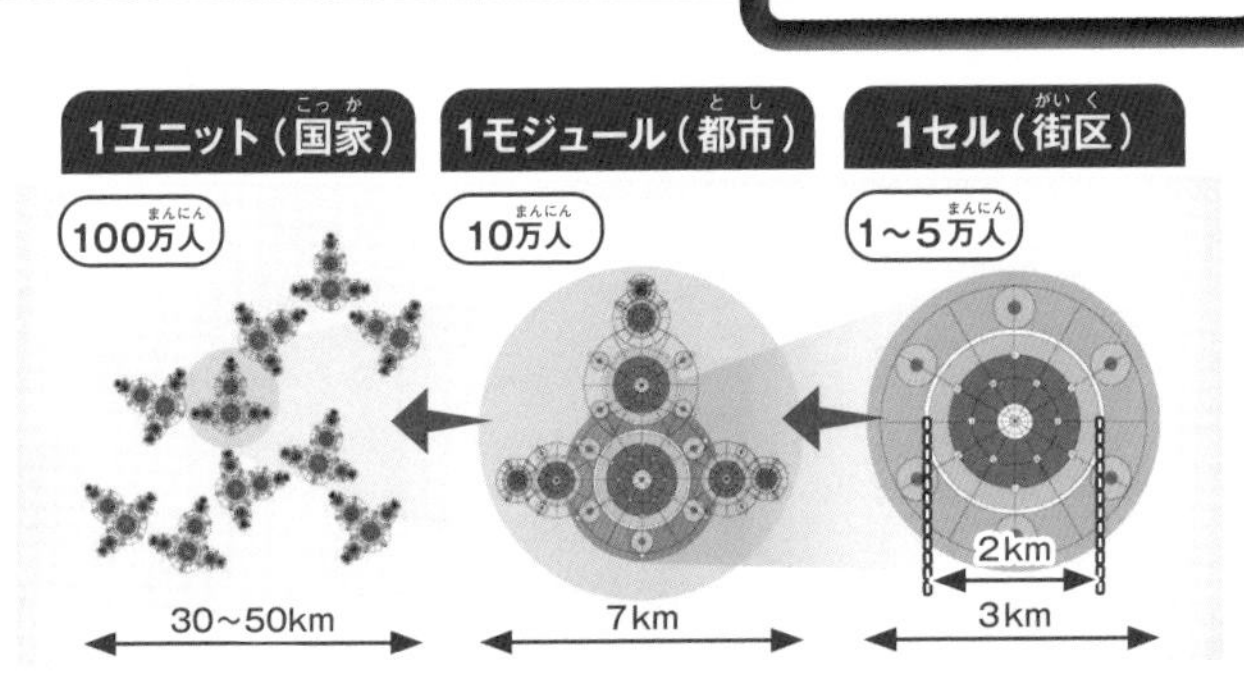

豆知識 江戸時代にも、生活で出たゴミを作物の肥料にしたり、紙くずや廃材を再利用していた。

空と緑を感じる空中都市
空中部分

高さ700～1000メートルの場所が「空中都市」で、日常生活ゾーンがある。直径1000メートルの円形になっていて、快適歩行距離といわれる半径500メートル以内に、居住およびサービス機能が集められているんだ。CO2削減を超えて「カーボンマイナス」の都市を目指す！

▲30フロアに居住者は３万人ほど。湿気もなく、とても気持ちいいスペース

◀サンセット（夕日）の美しさに毎日ひたれる

早わかりQ&A

Q 暑くはないの？

気温が一年中26～28℃と一定に保たれていて、強風もなく、とても穏やかに過ごせるよ。

Q どうやって造るの？

「海上スマート工法」といって、海上施工の特殊性を利用して超高層タワーを施工するんだ。骨格となる構造体を地上で施工し、一旦海に沈めてから浮力を使ってリフトアップするよ。

海と緑を感じる水辺のリゾート
水辺部分

人工島の外周部分のことで、低層のタウンハウス（長屋）がメイン。眼前にはきれいなビーチが広がり、いつでも「水辺」を感じられる。平野部を利用した農業や畜産業を行うスペースが近くにあるほか、貝や藻が採れる「海の森」も隣接している。

水辺部分には1万人が居住できるよ！

▼浮かんでいるため、温暖化で海面が上昇しても沈まない。地震や津波の影響も受けない

早わかりQ&A

Q 波浪は大丈夫？

外周の内海底部に高強度弾性膜を張り、膜上の浅瀬を外海より10メートルほど高い水位に設定。外海の波の動きを緩衝する。万が一に備え、護岸も造るよ。

Q 沈む心配はない？

海上の人工地盤施工は蜂の巣のように六角形を並べた「ハニカム複合構造」で、90%以上が空気。軽度と強度を併せもっていて沈む心配はないよ。

未来型ビジネスと植物工場
タワー部分

最上部の外周の空中都市のほか、オフィスゾーンや植物工場ゾーンなどがある。大自然とテクノロジーが融合した未来型のビジネスがどのようなカタチではじまるのか、どんな植物工場が実現するのか今から期待が高まる！

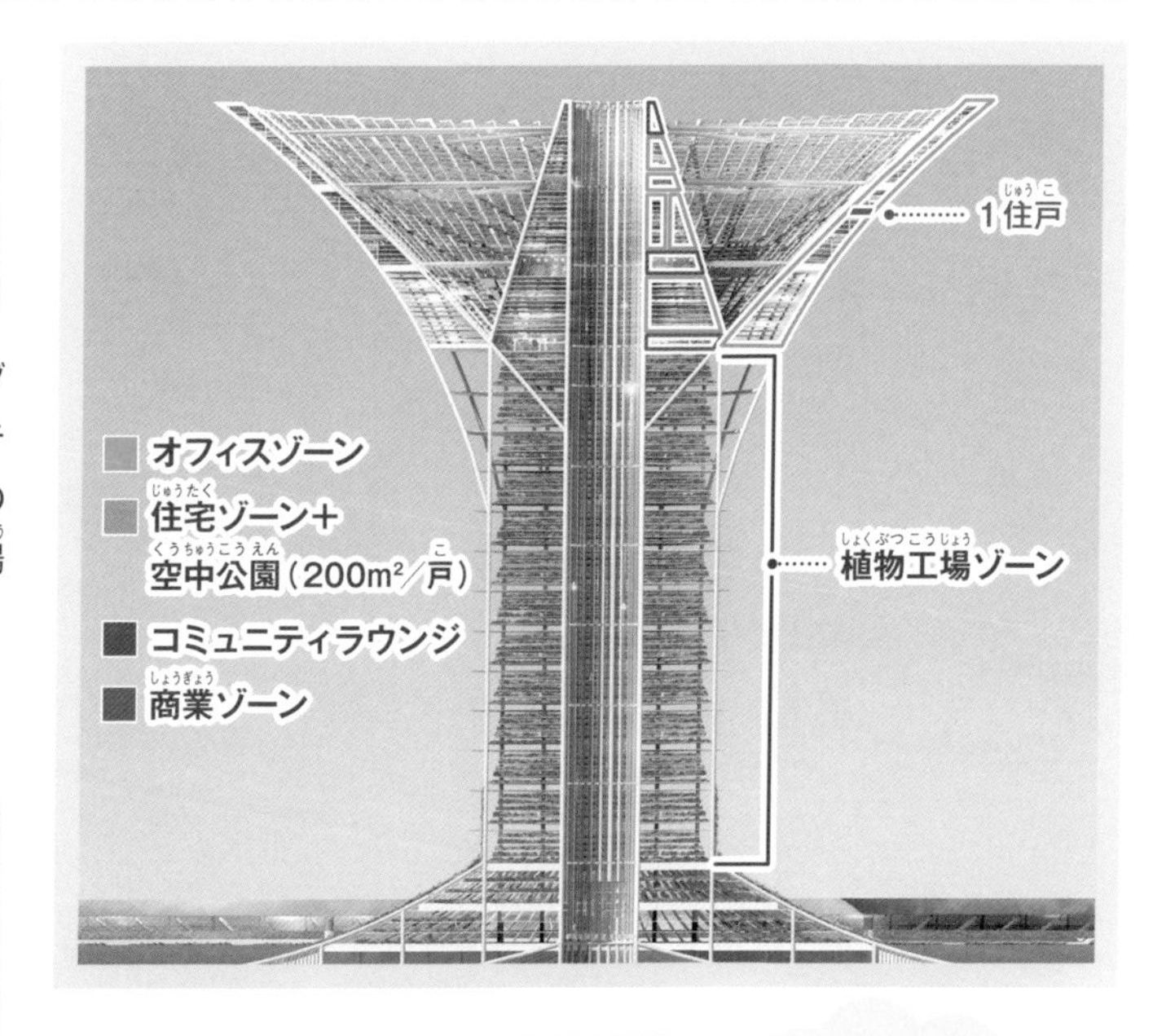

早わかりQ&A

Q 何をするところ？

食糧を自給自足するための植物工場があるよ。CO2、生ゴミ、排水汚水はすべて植物工場で野菜の栄養となるんだ。

Q 植物工場の特徴は？

いつでも新鮮で安全な野菜を、必要な量だけ生産・収穫できる。太陽光と人工光を利用して安定的な供給が可能となるよ。

世界中の人との新ビジネスの拠点にもなりそうだね

豆知識

標高が100メートル上がると、0.6度ほど気温が下がるから、空中部分でも涼しく過ごせるんだよ。

6 スマート・ウォーター・シティ東京

雨水を利用して復活させる"東洋のヴェネチア"

限りある水資源を利用した美しい水景が自慢の「水都」

江戸時代の東京は「水都」「東洋のヴェネチア」とも呼ばれ、人々の暮らしのすぐそばに豊かな「水」があった。時代の流れとともに埋め立てられた運河や川を復活させ、美しい水景を取り戻し、かつ水資源を有効活用するのが「スマート・ウォーター・シティ東京」。

羽田沖の「東京ウェルカム・ゲート」が玄関口で、大規模貯水施設「ウォーターズ・リング」と大深度地下でつながっている。水不足問題にも焦点を当てた、未来の東京だ！

スマート・ウォーター・シティ東京

早わかりQ&A

Q どんなもの？

東京の水不足やゲリラ豪雨の問題を解消することと、新しい観光開発のために練られた構想だよ。地下に造る「超巨大水路」で水都・東京を復活させるんだ。

Q 構想のポイントを教えて！

構想のポイントは3つ。ひとつ目は「雨水を貯水・循環活用」すること。ふたつ目は「水路を復活」させ水上交通網を整備。3つ目は新しい「海の玄関口」を造ることだよ。

Q ここでの楽しみ方は？

「東京ウェルカム・ゲート」にはホテルやレストランがあるし、マリンレジャーも楽しめるよ。それに都心の運河や川など、「水の都・東京」をたっぷり満喫できるんだ。

Q 誰が考えたの？

大手建設会社の大林組・プロジェクトチームのメンバーだよ。意匠はテクノ事業創成本部が手がけたんだ。現在の建設技術なら実現可能だよ。

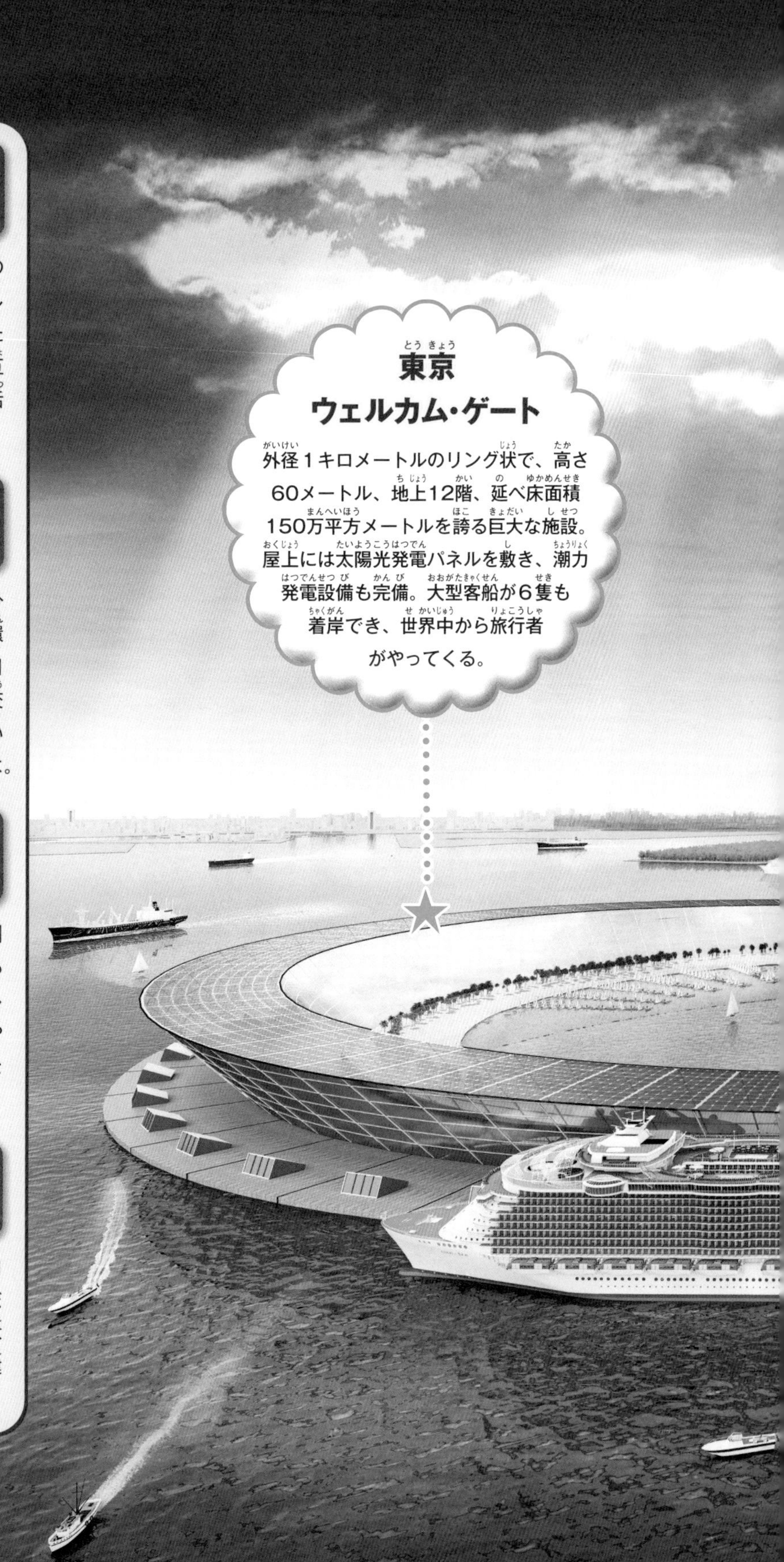

東京ウェルカム・ゲート

外径1キロメートルのリング状で、高さ60メートル、地上12階、延べ床面積150万平方メートルを誇る巨大な施設。屋上には太陽光発電パネルを敷き、潮力発電設備も完備。大型客船が6隻も着岸でき、世界中から旅行者がやってくる。

豆知識　江戸時代、徳川幕府は運河の築造を盛んに行い、舟運によって100万人都市を築いた。

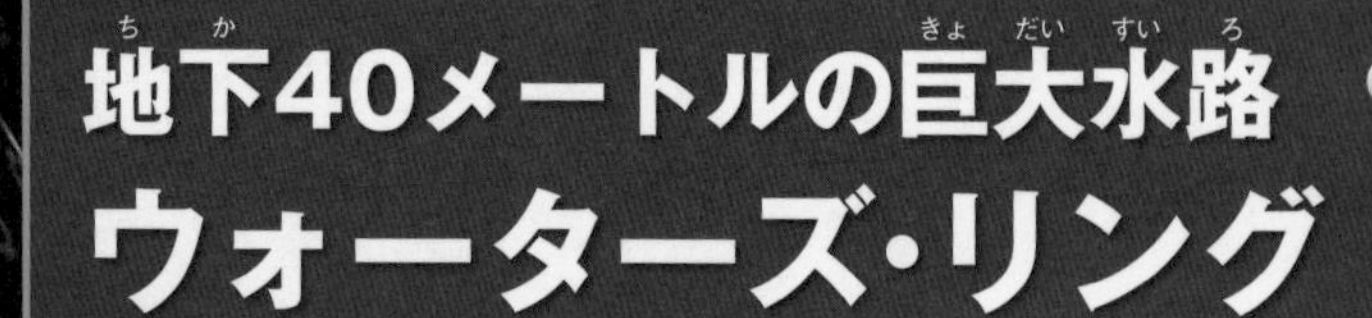

巨大地下貯水槽をもつ「スマート・ウォーター・ネットワーク・ビル」と、大深度地下貯水施設「ウォーターズ・リング」が地下で連結し、雨水をムダなく貯める。ゲリラ豪雨などの対策も必要な東京の、雨水コントロールシステムがこれで実現可能となる！

コレが ウォーターズ・リング！

全周約14キロメートルのリングが2本並んだ形状。地下40～50メートルにあり、スマート・ウォーター・ネットワーク（SWN）ゲートの地上出入口と専用エレベーターでつながっている。

上野駅
水道橋ゲート
神田川
御徒町駅
秋葉原駅
飯田橋駅
ウォーターズ・リング出入口
新宿駅
信濃町ゲート
外濠
皇居
スロープ
代々木駅
東京駅
八重洲ゲート
千駄ケ谷駅
有楽町駅
原宿駅
銀座ゲート
地下50m
新橋駅
渋谷駅
六本木ゲート
浜松町駅
ウォーターズ・リング出入口
東京ウェルカム・ゲート
恵比寿駅
田町駅

早わかりQ&A

Q どこを通っているの？

東の八重洲から水道橋近辺、信濃町、六本木、銀座近辺を通って都心をぐるりと一周・環状しているんだ。リングの外側は時計回り、内側は反時計回りでゆるやかに流水するよ。

Q 入ることもできるの？

ウォーターズ・リングへは水陸両用車のアンフィ・モービルに乗って入れるよ。アンフィ・モービルを利用すれば地上の渋滞を避けて、都心の主要スポットへ短時間移動ができちゃうぞ！

Q どういう工法か教えて！

大林組独自の「URUP工法（地上から直接シールドマシンで地下を掘り、再び地上に到達させる工法）」を使うよ。隅田川河岸から掘り進め、都心の地下に巨大なリングを造るんだ。

Q 何のために造られるの？

スマート・ウォーター・ネットワーク（SWN）のためだよ。SWNはトイレの洗浄水や散水用など生活雑用水の40%を雨水利用するためのもの。大雨などの水害から都市を守れるよ。

豆知識 実は、東京は世界有数の水不足都市。生活用水や工業用水の多くを他県に依存している。

Q 環境にも優しいの？

もちろん優しいよ。リングに貯めた水を利用することで水路を復活させ“毛細水路網（毛細血管のように細かく速い流れの川）”ができれば、ヒートアイランド現象も抑制できるんだ。

Q 貯水量はどのくらい？

リング内の貯水量は、通常時が230万立方メートル。最大460万立方メートル（リング２本の合計）。災害発生時には非常用水として東京23区の全住民の6.5日分をまかなえる。

Q ＳＷＮゲートはどんな施設？

ウォーターズ・リングへの雨水の注水・揚水口として地上と連絡する、立坑状の施設のことだよ。都心の５か所に設置されていて、雨水の注水時に生じる落下エネルギーを活用した水力発電機能もあるよ。

地図にある
水道橋ゲート、八重洲ゲート、
銀座ゲート、六本木ゲート、
信濃町ゲートの５つを
「SWNゲート」と
いうよ！

江戸時代の水景を復活！ 運河＆水路

スマート・ウォーター・ネットワーク（ＳＷＮ）により、都心で必要な雑用水を雨水利用に切り替えることで、外濠・内濠の水流を復活させ、クルージングやウォーターレジャーを楽しめる。また、神田川沿いは江戸の風情を演出したおみやげ店や飲食店が並び、観光スポットとしてにぎわいそうだ。

神田川

早わかりQ＆A

Q 運河の水はどこから？

現在、都心の生活用水に使われている約20％の水は多摩川の取水堰から取水している。この水を雨水に切り替えて、多摩川の水を玉川上水に流し込めば、江戸時代と同じように外濠・内濠に水路が再生する。

Q 外濠や内濠の水はキレイになる？

外濠と内濠の水量は約100万立方メートル。１日30万立方メートルの水を流し込めば３日ほどで水を入れ替えることができるんだ。これでアオコの発生を抑え、豊かな生態系が復活するはずだよ！

Q 神田川付近はどうなるの？

世界有数の電気街・秋葉原ではビルの壁面を利用したプロジェクションマッピングが行われ、川岸には着物姿で歩く人々の姿も。最新技術と伝統が織り混ざった独特の雰囲気で、世界からの旅行者も楽しめる。

Q 潮汐の影響はどうするの？

海抜が低いエリアは潮汐の影響で水位が変化するため、水位の上下に対応できるユニットボートを活用するんだ。非常用備品や医療設備を積んだユニットボートも備え、災害時にもしっかりと対応するよ。

1dayプラン

世界中の旅行者が水都・東京へやってきた!

世界から来た人たちを案内するよ！

東京ウェルカム・ゲートに到着

世界一周の大型客船で東京を訪れた人たちをまずはお出迎え。「水都・東京」の観光へ向かう人たちと一緒に専用船に乗って出発！

ウォーターズ・リングへ移動

羽田沖の東京ウェルカム・ゲートを出発したら、いくつかの川をさかのぼって約40分で常盤橋の桟橋に到着。ここでアンフィ・モービルに乗り換え、いよいよウォーターズ・リングへ。

運河を観光する

アンフィ・モービルはウォーターズ・リングからＳＷＮゲートを経て、運河へやって来た。水面越しにも東京の表情を楽しんでもらう。

神田川周辺を観光して夕ごはん

川沿いの町並みを着物で見学。夕ごはんは江戸前のお寿司やうなぎ、天ぷらに舌つづみを打ってもらうのもいいね！

東京ウェルカム・ゲートに戻る

神田川で大相撲中継を見たり、江戸情緒を満喫したら、帰路へ。羽田沖で専用船に乗り換え、東京ウェルカム・ゲートへ戻ってきた。

豆知識
この構想に興味をもったら東京湾クルージングの「日本橋／神田川クルーズ」を体験してみよう！

7 FUWWAT2050

ナノテクノロジーがつくり出す未来の新空間

空中にふわっと浮かんだ最新技術が詰まった街

ひとつの街が頭上に浮かんでいる――。そんな光景を想像できるだろうか？　目に見えないほどとても小さな物質を研究開発する技術、「ナノテクノロジー（100ページ）」を駆使した、SFのような建築物がFUWWAT2050だ。

FUWWAT2050は超軽量・超高強度のナノマテリアルでできており、全長400～600メートルの3つの棟でひとつの街を形成している。「沿岸部でいかに安全に暮らすか」についても考えられた、未来の新しい街のカタチだ。

◀構造体にヘリウムガスを充填すれば空中搬送用の飛行船でも運べる

浮力を利用した空中搬送で、沿岸部以外でも必要とする場所ならどこへでも運んで行けるんだって！　すごいね！

FUWWAT2050 早わかりQ&A

Q 大きさはどのくらい？

3つの棟の全長はそれぞれ400、500、600メートル。600メートルというと普通のビルだと200階建てにもなる巨体で、それが横になっているんだ。最大幅は50～60メートルだよ。

Q どうして浮かぶの？

ナノマテリアルを外装材にして、“空気膜”を造って内側から圧力をかける。これをカーボンナノチューブのワイヤーで地上のマスト（支柱）から吊って浮かんでいるように見せるんだ。

Q どんな場所なの？

3つの棟で成り立つ、空に浮かぶ街だよ。真ん中が病院と公共サービス施設の棟、その両サイドに業務・商業施設棟と住宅棟があって、高齢者など避難弱者が優先で住めるよ。

Q なぜこれを考えたの？

建築材料をナノマテリアルにすれば重量が通常のビルの10分の1になる。さらに地球温暖化による海面上昇や高潮、地震・津波にも対応できるため“浮かぶ街”が構想されたんだ。

素材はナノマテリアル

外装材は植物由来のセルロースナノファイバー、建物本体の構造材はカーボンナノチューブを使用。どちらもナノマテリアル（粒径が100ナノメートル以下の物質）で、超軽量で超高強度。

地上30〜50メートルに設置

カーボンナノチューブのワイヤーで吊って空中に設置。ワイヤーはとても細いため、実際には見えない可能性もある。

豆知識 インフルエンザウイルスや新型コロナウイルスは約100ナノメートル。ナノはそれほどに極小。

屋上には庭園もあって気持ちよさそうだね！

海沿いに浮かんだ3つの棟の街

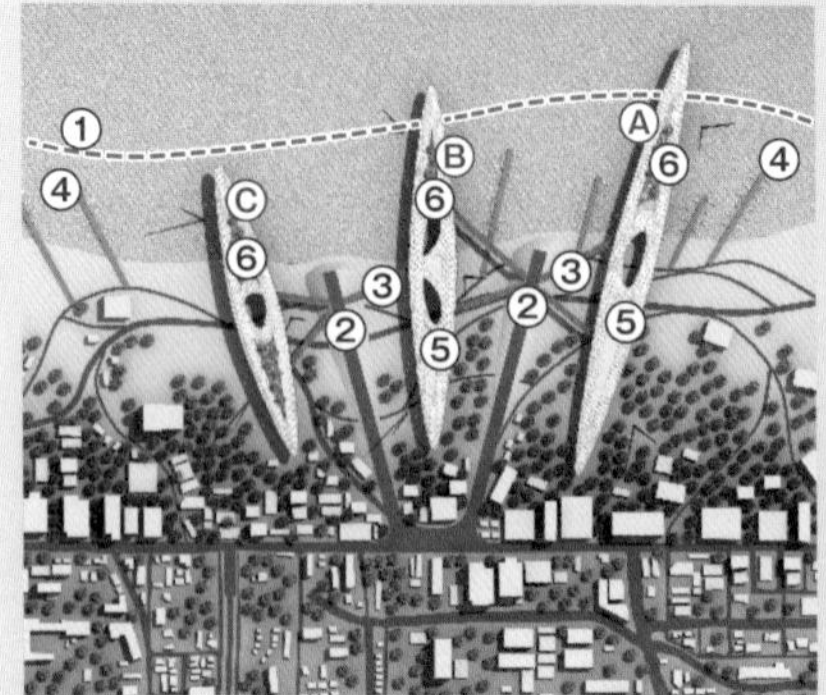

Ⓐ業務・商業施設棟
Ⓑ病院・公共サービス施設棟
Ⓒ住宅棟
①現在の海岸線の位置
②スロープ
③ブリッジ
④ヨットハーバー
⑤ヘリポート
⑥屋上庭園

FUWAT2050は3つの棟（各棟ともに内部は3階建ての3層構造）でひとつの街を構成している。福祉や医療を担う「病院・公共サービス施設棟」は長辺が500メートル、最大幅50メートルで、屋上にはプールもある。「業務・商業施設棟」は長辺が600メートルで総床面積（3層）は5万8000平方メートル。住宅棟は長辺が400メートル、最大幅60メートルで一層ごとに広い面積を確保した造りだ。

早わかりQ&A

Q 何人が入れるの？

業務・商業施設棟は就業人口が約2800人、病院・公共サービス施設棟は就業人口が約2000人、住宅棟の居住人口は約1700人。既存の街へのアクセスはゆるやかなスロープとブリッジでつないであるよ。

Q どうして海沿いなの？

日本では東京や大阪など多くの都市が沿岸部にあり、人口の2割が標高5メートル以下で暮らしている。地球温暖化による海面上昇やゲリラ豪雨などによる水害、地震の際の津波などを考えると、今後は「沿岸部でいかに安全に暮らすか」が大きなテーマとなるはず。それらの課題解決にもつながるのがこの構想なんだ。

Q どこで造られるの？

本体主要部は、ナノレベルでの施工の精度を確保するため、「ナノ・スーパークリーン工場」で自動化施工を想定。工場で造られた本体にヘリウムガスを注入して、ハイブリット搬送機で空中搬送するんだ。

建物を空中に設置することで、防波堤などを減らし、自然の砂浜再生にもつながるよ！

全てが映画のようなせかいだね！

豆知識 BMIは難病患者の脳波を読み取って意思疎通を助けるなど、医療現場でも使われているよ。

言葉や指を使わずに会話ができる!?
設備や装置もナノテクによって快適に！

未来の建造物は「ナノテク」によって、天井や壁、床そのものが発電したり、温度を調整し、情報をやり取りし、映像や音楽を提供することになるはずだ。FUWWAT2050にもカーボンナノチューブのフレームにナノレベルの自動弁（空気孔）などを組み込む構想。また、設備や装置の操作システムにはブレイン・マシン・インターフェイス（BMI）を導入し、空間を最適化する。

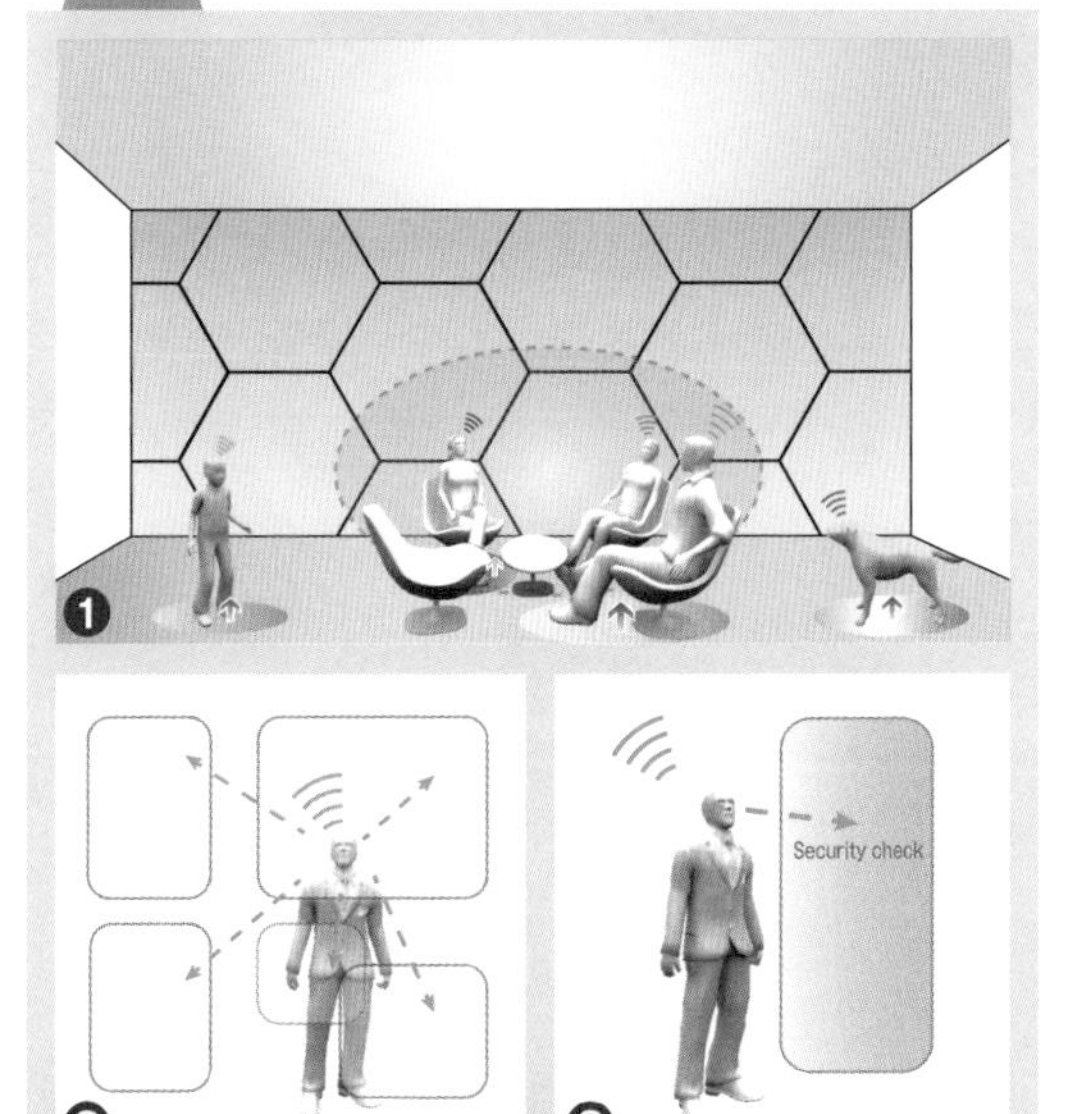

❶天井、室温、音響を滞在者のパーソナル情報などに応じて最適化する　❷あらゆる場所にブレイン・マシン・インターフェイスを設置　❸出入り口はキーレス・オートドアになっている

早わかりQ&A

Q BMIって何ができるの？

脳神経系の電気信号をナノセンサーで感知し、機器と連動させることで言葉や指を使わなくても意思疎通ができるんだ。ニューロテクノロジーっていうんだよ。

Q エネルギーや水はどうするの？

エネルギーは外装材の空気膜に配置した量子ドット太陽電池による供給を原則に。上下水道は外装の空気膜や床材に雨水や海水の浄化・貯水機能をもたせてまかなうんだ。

8

2050年モザイク・シティ

ビッグデータによって最適化された未来都市

「集合」から「個」へ変化する環境に適応

「ビッグデータ」という言葉を聞いたことはあるだろうか？ ビッグデータとは、その名の通り「膨大なデータ」のことだ。個人の日常活動や社会活動、経済活動、研究活動など

あらゆるジャンルの膨大なデータは「社会の未知の部分」を浮き彫りにし、「次の時代への羅針盤」となる。大林組のプロジェクトチームは、そんな「ビッグデータ」から、空間的にも機能的にも最適化された「モザイク・シティ」という、ひとつの未来都市像を考え出した。

新物流ネットワークシステム

「人口が減り、空間に空きスペースができること」や「インターネットショッピング利用が増大化し、物流量が飛躍的に増えること」などから考えられたのが、物資をコンテナで運搬する「新物流ネットワークシステム」だ。

2050年モザイク・シティ 早わかりQ&A

Q どんな街なの？

2キロメートル四方の徒歩圏内をパーソナルエリアに設定し、そのエリア内でなんでも完結できるスーパーコンパクトシティだよ。

Q ビッグデータって何？

従来のデータ管理システムでは処理・保管・解析などができない、巨大で複雑なデータの集合体のこと。科学者たちはデータを使って、気候の変動や、地震の研究もしているよ。

Q 単位は何を使うの？

テラバイト、ペタバイト、エクサバイト、ゼタバイトなどの単位だよ。1ゼタバイト（ZB）＝10億テラバイト＝1兆ギガバイト。スマートフォンの普及でアプリも急増し、世界的に猛スピードでデータ量が増えているんだ。

豆知識 2020年の世界に流れる総データ量は、59ゼタバイトを超えると予想がされている。

あらゆる環境の変化から…“どこでも化”

▲“減築”で環境負荷を低減。ビルの最上階には展望テラスや庭園を設置し、環境改善も図る

▼ひとつのビルに個人オフィス、住宅、ストア、病院……、その隣のビルには住宅、学校、幼稚園……、さらにその隣のビルには劇場、工房、住宅、コンビニ、温泉施設……などと、空間的にも機能的にもモザイク化がされる

モザイク・シティの大きな特徴のひとつは、生活関連施設の「どこでも化」。これまでのように、役所、学校、病院などへ出かけることは不要で、すべてがパーソナルエリア（徒歩圏内）で済ませられるのだ。これは、人口の減少によって生じた都市のオフィスビルなどの空きスペースを活用して、そこに生活関連施設の機能を集約してしまうといった構想。また、環境面を重視して「（ビルを）壊さない変化・壊さない再構成」と「建築物の社会ストック化」なども目指す。

ビッグデータを活用した コンパクトシティ&新物流ネットワーク

ビッグデータは未来を読み解くのにふさわしいインダストリアルツール。人口構成の変化、環境意識の変化、街づくり手法の変化など、「あらゆる変化による未来社会」の予測をしてくれる。ビッグデータ型のコンパクトシティは「まずは人ありき」で、「ニーズによりさまざまな施設が集約」、「空間のモザイク化」で、「魅力あふれるエリアが人を呼び込む」というもの。新しいスタイルの物流ネットワークシステムを構築し、物資の運搬もスムーズに行う。

従来のコンパクトシティとは全く違うんだね！

早わかりQ&A

Q 新物流ネットワークって何？

個人と地域、個人と遠隔地をつなぐ新しいスタイルの物流システムだよ。"減築"で生まれた空間に物流の小拠点（駅）を設け、各建物内で必要な物資の積み下ろしを効率よく行う。

Q エネルギーはどうするの？

遠隔地のメガソーラー施設などから蓄電池に貯蓄し、物流コンテナで運んで地域ごとにまかなう。将来的には宇宙で発電したエネルギーを宇宙エレベーター（8ページ）で運ぶ可能性も。

Q 物流コンテナって何？

カーボンナノチューブでできたカプセルに太陽光発電装備を搭載した自走式カーゴ（貨物用コンテナ）。カーボンナノチューブ製のケーブルを使って物資を空中搬送するんだ。

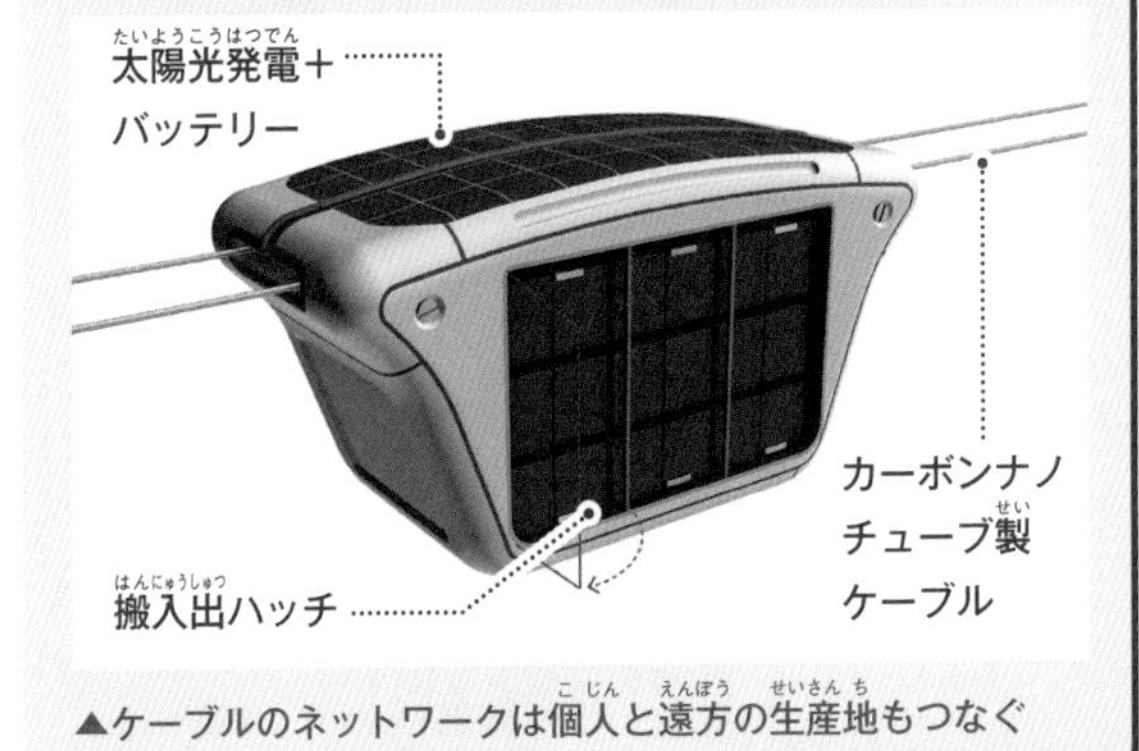

▲ケーブルのネットワークは個人と遠方の生産地もつなぐ

① どこでもオフィス

ICT（情報通信技術）の発達で、距離や時間の制約が少なくなり、フリーアドレスの仕事環境が進展する。自宅のオフィス化や仲間とのシェアオフィス化などが一般的に。

② どこでもマイホーム

これまでいた住民は移転することなく、施設やインフラなどの都市構想が移転してくることが原則。一方で、シェア住宅やオフィス兼用住宅など新規の住宅も建設される。

③ どこでも医療

サテライト型医療施設での個別医療が進展。パーソナルエリア内の小さな医療施設で大病院と同レベルの検査や医療が可能になる。さらに在宅医療も進化し、通院も不要に。

④ どこでも学校

オンライン化の進展により通学制度や学年制などの教育システム全体が変化する可能性が高い。さらに専門学校や海外の大学の講義も端末があればどこでも受けられる。

⑤ どこでも緑地

幹線道路以外のほとんどの道路は空きスペースとなり、用途転換が自由に。緑地や公園などのコミュニケーションスペースや都市型農業の拠点にして自然豊かな街に。

豆知識 ゼタバイトの上はヨタバイト。現在の情報量の伸び方だと2040年までには到達するとも。

⑨ コンパクト・アグリカルチャー

物やエネルギーの循環で変わる未来の農業

全自動でコントロールされるムダのない「食」

農業をとりまくさまざまな問題を解決すべく、大林組のプロジェクトチームによって構想されたのが、完全自動で食糧を生産・供給する「コンパクト・アグリカルチャー」。日本語にすると「小さくまとまった農業」だ。〝食糧工場〟と〝人が生活する場〟が共存する建築物で、いつでも安定して食糧が作られる。また、エネルギーも自立しており、世界中のどんな環境下でも建設が可能だ。

食糧生産モジュール

モジュールの基本サイズは幅9メートル、奥行1.5メートル、高さ0.8メートル。開閉式カバーで覆われ、光量、温度、水分などを徹底管理。

コンパクト・アグリカルチャー

早わかりQ&A

Q なぜこれを考えたの？

現在の日本の農業は人手不足や高齢化などで就労人口が減り、危機的状況にある。一方で、まだ食べられるのに捨てられてしまう「食品廃棄・フードロス」の問題も。これらの問題を解決するべく、考えられた構想だよ。

Q お肉はどうするの？

養牛や養豚はスペースなどの問題から行わず、タンパク源は栄養価が高くて生産効率のよい昆虫などから摂取するよ。

Q どんな場所なの？

AIやビッグデータの力で、必要な食糧を必要なだけ生産する、効率的な農業ができる場所だよ。隣接した居住スペースの住民に安定した食を供給するんだ。

Q ほかの国の農業は？

農業分野の技術革新は猛スピードで進んでいて、例えばオランダでは、IT技術を駆使したことでアメリカに次ぐ世界第2位の農産物輸出国に成長したんだ。

居住スペース

都市型（高層型）には1万人、ビレッジ型（低層型）には2000人が居住。住民の情報はビッグデータとしてAIが処理し、必要な量だけ食糧生産が行われ、自動搬送で各住戸に届く。

ロボットアーム

モジュールが自走してきてカバーが開くと、ロボットのアームが作物の手入れや収穫をする。収穫時は搬送センターへ自動搬送される。

豆知識 「スマート農業」とはドローンなどロボット技術や情報通信技術を使った新しい農業のこと。

Ⓐ空中空間　Ⓑ田モジュール　Ⓒレジデンス・オフィス・商業スペース　Ⓓ畑モジュール　Ⓔ果樹園モジュール　Ⓕ家畜舎モジュール　Ⓖ昆虫モジュール　Ⓗ魚モジュール　Ⓘ機械室、配送センター、循環装置、食品加工工場　Ⓙ共用スペース　Ⓚ緑地、公園　Ⓛ広場

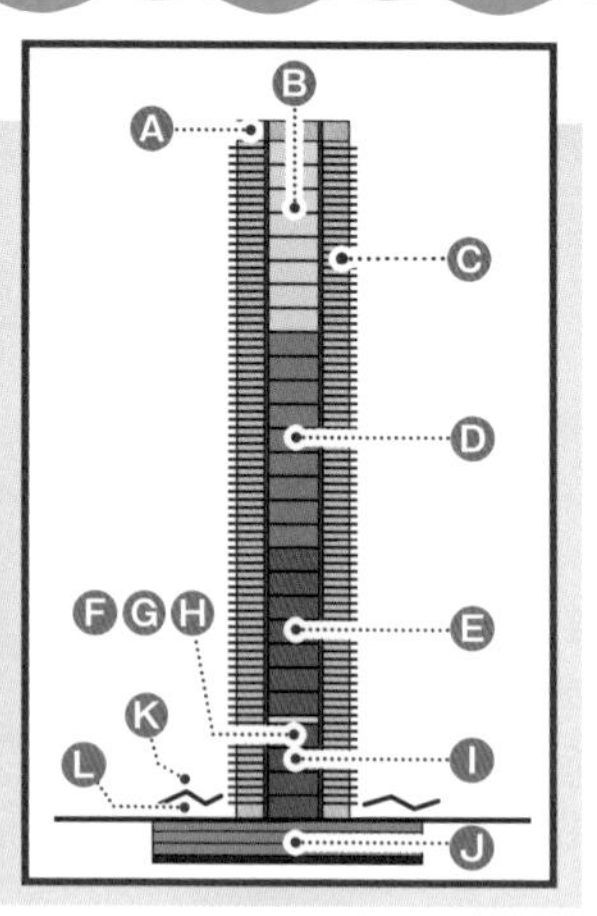

都市部で1万人が居住できる
シティ型（高層型）

ビルが密集した都市部に建設することを想定した高層建築タイプ。周辺との調和を考えて壁面緑化された六角形のメガフレームによって環境負荷を減らす。外壁の開口部はバルコニーとガーデンウォール（緑の壁）がランダムに交じりあったデザインで、好みによって窓からの景色が選べるのも魅力的。

早わかりQ&A

Q どんな場所なの？

都心に造られる「コンパクト・アグリカルチャー」。低層階は商業施設、中層階はオフィス、高層階はレジデンス（居住スペース）で、1万人が暮らせるんだ。

Q 大きさや面積はどのくらい？

高さは350メートルで85階建て。ビルの幅は120メートル、奥行54メートル。延べ床面積は50万平方メートルで、そのうち食糧生産施設は25万平方メートル。

Q 遊べる場所もあるの？

食糧生産工場の中には入れないけど、コミュニケーションスペースには植え込みや家庭菜園体験コーナーもあるし、建物内には広場や緑地も設置されるよ。

Q エネルギーはどうするの？

風力発電、地熱発電を利用するほか、エネルギーを安定供給するために蓄電所を併設して水素発電システムも備えるんだ。それに外装は透過型の太陽光発電ガラスになっているんだ。

郊外で2000人が居住できる ビレッジ型（低層型）

郊外に建設することを想定したビレッジ型は、基準階（建物の規模を表す代表的なフロア）である1階の面積が3万6000平方メートルとゆったり。今後の拡張も考えて、増築をしやすいように六角形の平面が基本デザインとなっている。内庭を含めた建物全体を透過型太陽光発電ガラスで造られたドームルーフで覆っているのも特徴。

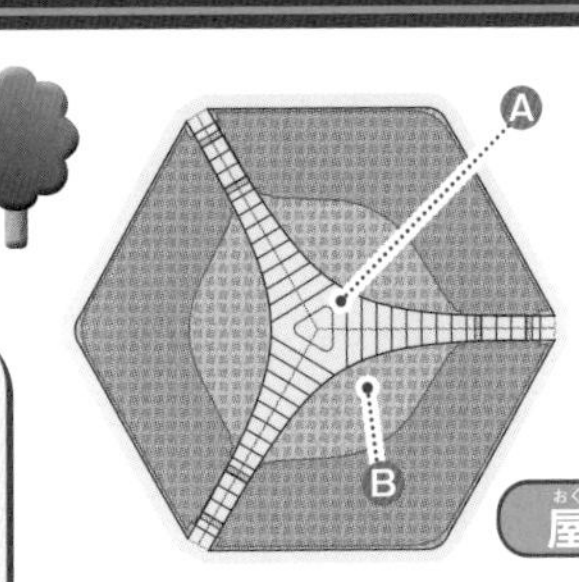

Ⓐトップライト（高透過型太陽光発電ガラス）
Ⓑドームルーフ（透過型太陽光発電ガラス）

Ⓒレジデンス、オフィス、ラボラトリー（実験室、研究室）、レストラン、コミュニケーションスペース Ⓓ共用スペース Ⓔ田モジュール Ⓕ畑モジュール Ⓖ果樹園モジュール Ⓗテラス Ⓘ廊下

2・3階

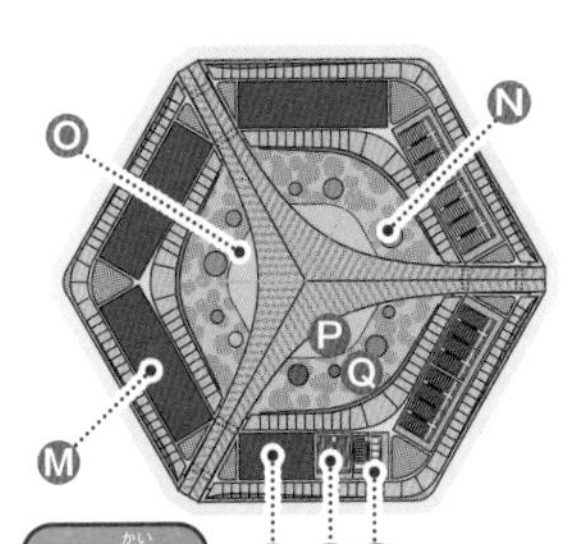

Ⓙ家畜舎モジュール
Ⓚ昆虫モジュール
Ⓛ魚モジュール Ⓜ機械室、配送センター、循環装置、食品加工工場 Ⓝ多目的スペース、店舗 Ⓞ広場 Ⓟ池
Ⓠ緑地、公園

早わかりQ&A

Q 大きさはどのくらい？

高さは28メートルで3階建ての建物。延べ床面積は11万5000平方メートル、食糧生産施設の面積は5万平方メートル。2000人がゆったりと住める造りになっている。

Q エネルギーはどうするの？

ドームルーフの発電機能だけでは供給が不足することを考え、周辺に設置した太陽光発電システムでも補う。モザイク状にしたデザインがかっこいい！（48ページの画像）

Q シティ型と違う施設もある？

広場に面したコミュニケーションスペースには、野菜や果樹に囲まれたレストランやカフェが設けられているよ。それに食育のための教育施設や体験施設としても機能するんだ。大型のスクリーンには食糧工場のライブ映像を流したり、壁面にはミニ植物工場、中央には体験用の果樹もあって、季節の作物を育てることもできるよ。全体をドームルーフで覆っているから雨の日もランニングしたり、池で水上スポーツも楽しめる！

豆知識 日本では年間2550万トンもの食品廃棄物、612万トンもの食品ロスがある。（消費者庁HPより）

▲ビレッジ型「コンパクト・アグリカルチャー」の上空を自動運転のドローンが飛んでいる

好サイクルで環境にも◎
物質とエネルギーの循環

「建物内で自立する農業システム」であるコンパクト・アグリカルチャーは、物質を生産し、人が消費し、排泄物が田や畑の肥料となる……といった循環がポイント。植物の三大栄養素となる窒素、リン酸、カリウムを下水処理の途中で科学的に回収・利用したり、高度処理によって不純物を除去した水を飲料などにも使用。ほかにもさまざまな循環の構築が行われる。

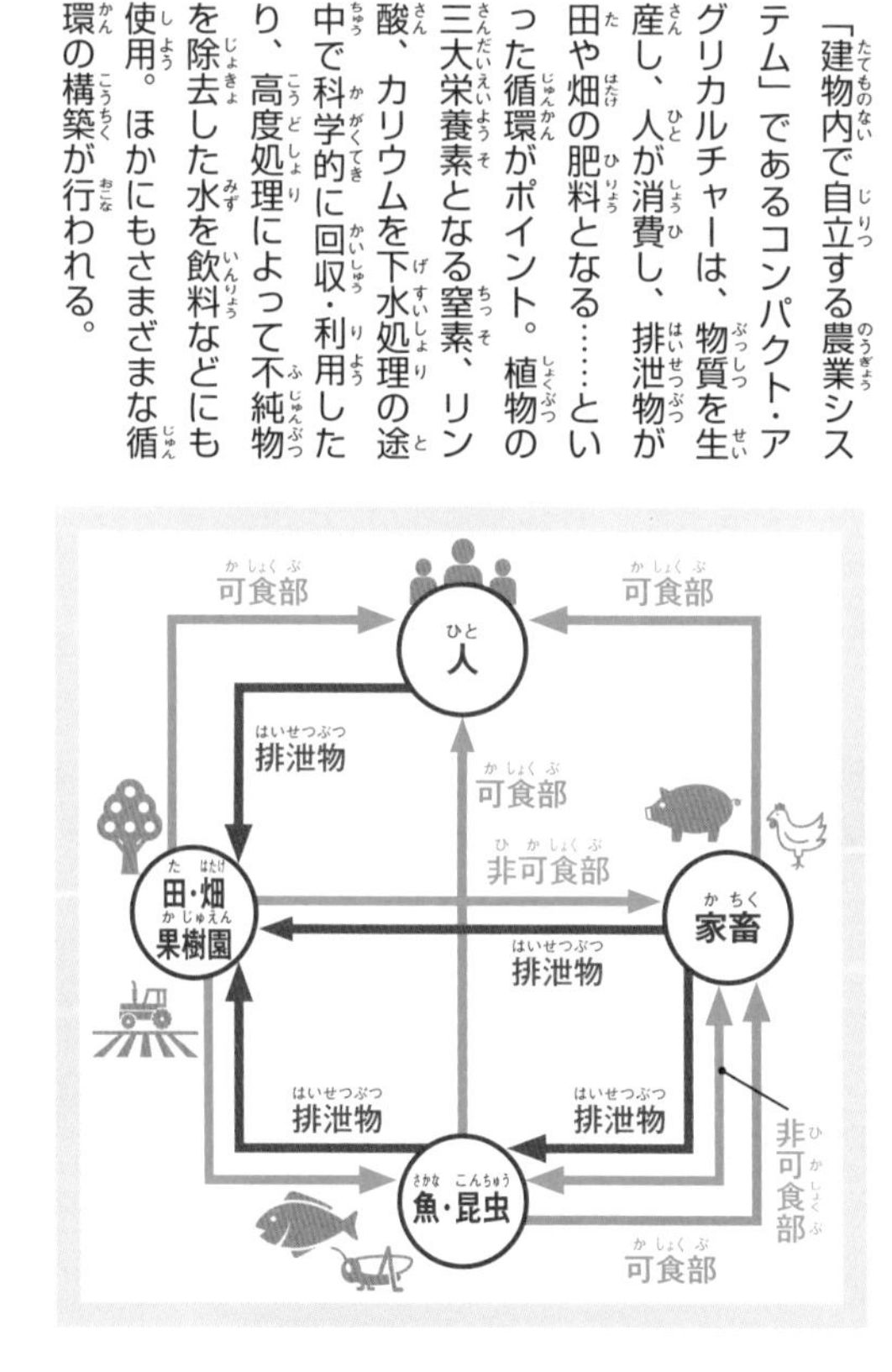

早わかりQ&A

Q 自立する農業システムって？

食糧生産はもちろん、エネルギーや上下水道、ゴミ処理などのすべてをまわりの助けを借りずに行うことだよ。しっかりと「循環」させることで成り立つんだ。

Q 物質の循環とは？

生態系のなかで物質が物理的・化学的に性質を変えながら循環することだよ。食べたり食べられたりすること以外にも、光合成やCO2などいろいろ関係するんだ。

Q エネルギーの循環とは？

植物はエネルギーを生む「生産者」。動物はそれを食べる「消費者」、動物の排泄物や死骸を食べるバクテリアなどは「分解者」。あらゆる生物は循環しているんだ。

早わかりQ&A

Q どうしてムダがないの？

各住民に必要な食糧をタイミングよく提供できるように、いつ何を生産すべきか予測し、食糧生産システムの生産工程に反映するからだよ。

Q どうやって管理するの？

生産管理をAIとロボットが行うんだ。生産物の内容や量は各住民のパーソナルデータ（身長や体重、既往症や健康状態など）から導き出されるよ。

Q 嫌いな食べ物も届く？

食感や味の好みもパーソナルデータとして管理されているから届くことはないよ。食品アレルギーはもちろん、体の管理もAIがしてくれるんだ。

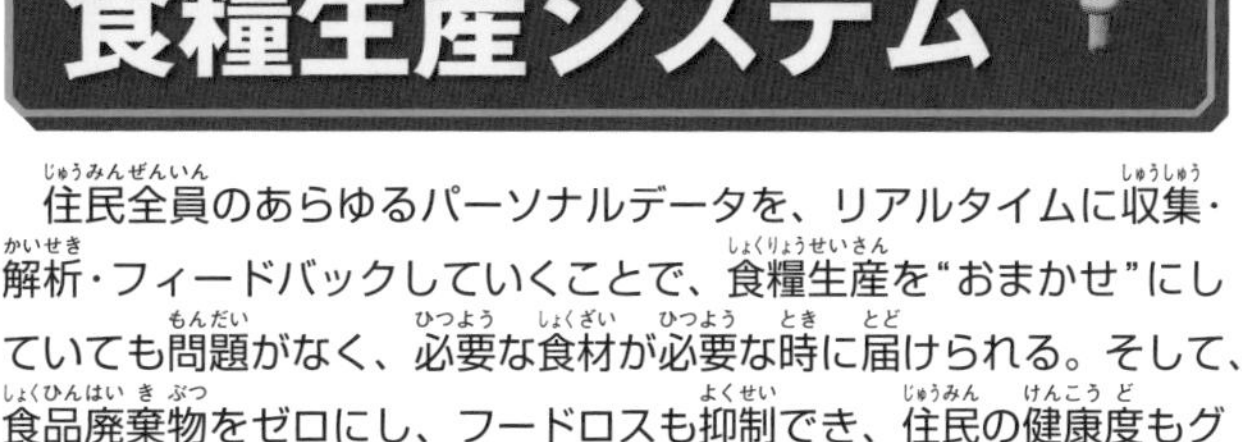

住民全員のあらゆるパーソナルデータを、リアルタイムに収集・解析・フィードバックしていくことで、食糧生産を“おまかせ”にしていても問題がなく、必要な食材が必要な時に届けられる。そして、食品廃棄物をゼロにし、フードロスも抑制でき、住民の健康度もグンとアップ。また、コンパクト化の前例がない果樹についても、品種改良して食糧工場で大量生産が可能になることを目指している。

各モジュールに2台ずつ設置された農作業用ロボットアームは、剪定などあらゆる作業をこなすほか、掃除や植え替えもしてくれて、あらゆる面から“効率的でムダを省く”よ！

<平面図>

<立面図>

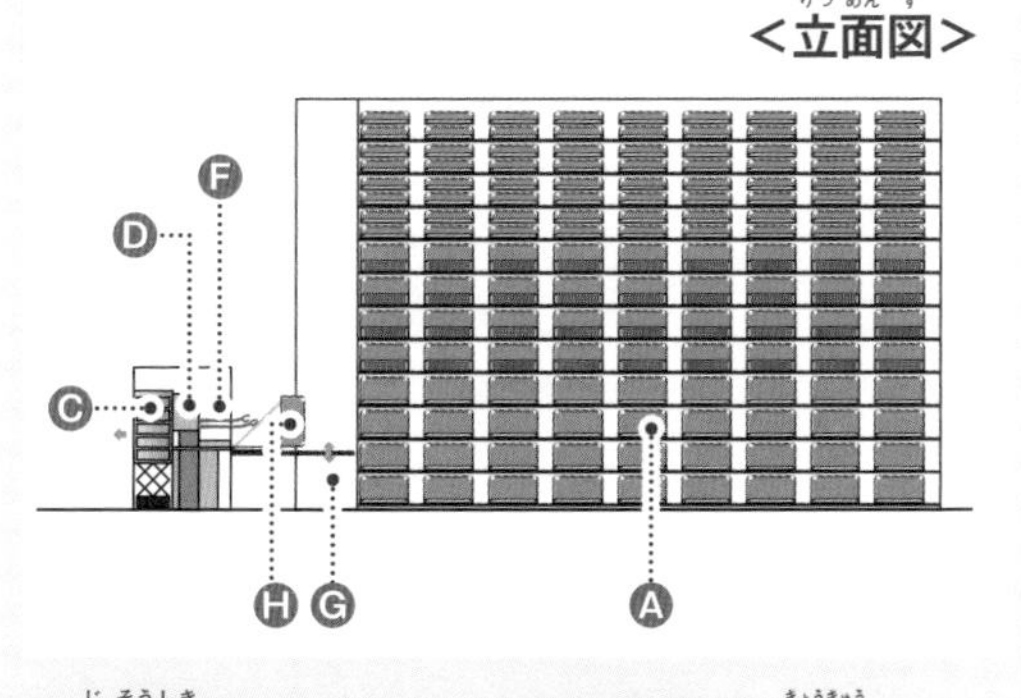

Ⓐ自走式モジュール
Ⓑ自動制御ロボット
Ⓒ昇降式自動搬送ユニット
Ⓓ搬送用エレベーター
Ⓔエネルギー供給シャフト
Ⓕワークプレイス
Ⓖ垂直搬送ステージ
Ⓗ開蓋モジュール

全自動の営農システム

高度環境制御下での養液栽培（土を使わない無機質の水耕栽培）によって効率的に通年栽培ができる。内部は温度や湿度なども管理したクリーンルームになっている。

農作業用ロボットアーム

3D画像認識によって位置とモーションを自動的に検出・算出する。多関節のスネークアームになっていて、シザース（ハサミ）、噴射、ハンドの3タイプのアタッチメントがある。

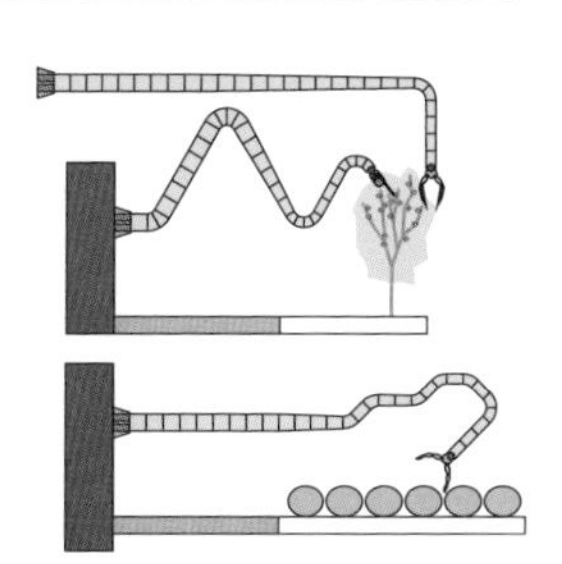

自動搬送システム

食糧生産工場から居住スペースへの搬送は、すべて多段式コンテナによる自動搬送システムで行われる。生産物は配送センターや食品加工工場へも運搬される。

生産システムのネットワーク化

同様の建物が近隣に複数建設されれば、食糧生産システムをネットワーク化することで、食糧メニューの多様化対策や、生産ロスの少ない運用が可能になる。

豆知識 実は海外などでは「現代農業そのものが地球環境の破壊である」とも言われているんだよ。

10 LOOP50（ループ50）

森への感謝と共に生きる街

森林資源を有効活用し、自立したコンパクトシティ

日本の森林面積は約2500万ヘクタールで、陸地面積に占める割合は7割近くにものぼる。これはOECD（経済協力開発機構）加盟国の中で、フィンランドに次ぐ第2位。そんな森林大国でありながらも、日本は「木材輸入国」で、森林資源を有効活用できていないのが現状なのだ。この問題を解決すべく、森林資源を最大限に活用・循環し、持続可能で魅力ある暮らしをするために考えられたのがこの「LOOP50」だ。

オフィスや住居があるループ棟
住居や公共施設など街の機能をコンパクトにまとめてある。居住人口は1万5000人。木造の利点を生かし、毎年増改築を繰り返す。

中央広場内にあるエネルギー棟

街のエネルギーセンターであるバイオマスプラントがある。集めた木材をもとに、ループ棟建築のための製材・加工を行う場所も。

LOOP50

早わかりQ&A

Q 森林資源て何？

薪炭材（薪など）をはじめ、木材やチップ・パルプなど。さらにCO2の吸収・O2の排出をしたり、水の補給、地形の保全などさまざま。

Q 場所や広さは？

建設地は、周囲を森林に囲まれた本州の中山間地域。所有する森林面積は約2万8000ヘクタールで、木を積極的に活用できる。

Q なぜこれを考えたの？

荒廃が目立つ現在の森林を有効活用し、豊かな森林資源の恩恵を受けるために、大林組のプロジェクトチームが考えたんだ。

Q どんな街？

高さ100メートルほどのループ棟と、スパン（支柱間の距離）100メートルを超えるエネルギー棟でできた、森林資源を活用した街だよ。

豆知識 森林資源学では「森林には地球上の有機物（動植物を構成する物質）重量の90%がある」とされている。

こういうところで
のんびり暮らして
みたいな♪

増改築を繰り返し常に快適 ループ棟

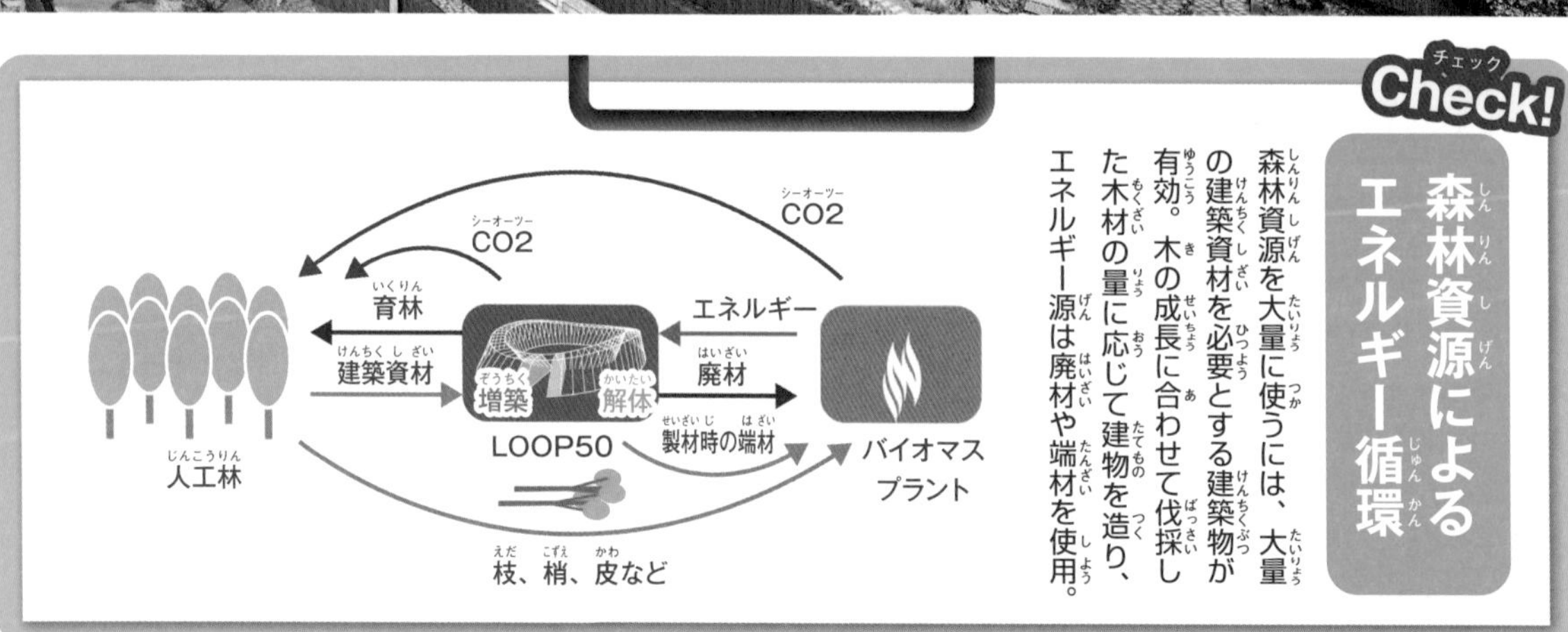

Check!

森林資源によるエネルギー循環

森林資源を大量に使うには、大量の建築資材を必要とする建築物が有効。木の成長に合わせて伐採した木材の量に応じて建物を造り、エネルギー源は廃材や端材を使用。

▲シンボル的存在の心柱。巨大な吹き抜け空間で開放感満点

周辺森林から伐採した木を使った木造で、ループ（輪）状の居住建物。木造の利点をいかし、3か所ある開口部のどこかで常に増築や解体が行なわれ、建物の新陳代謝が図られている。全住戸に日当たりのよい快適な環境を提供するために、高さは80～120メートルと場所によって変えてある。使用する木材は不燃剤による加工を施すなど、防災対策も万全だ。

早わかりQ&A

Q どんな場所なの？

LOOP50の住民たち（1万5000人、5500世帯）が暮らす棟だよ。公共施設や教育機関、医療機関、ショッピングセンターなどは低層部に、居住エリアは高層部にある。

Q 大きさはどのくらい？

直径650～800メートル。高さ80～120メートルで地上20～30階建て。各居住ブロックは高さ20メートル（5階分）。住居面積は一世帯平均で80平方メートル。

Q 住居はどうなっているの？

心柱を中心に4～6の住居ブロックがひな壇のように積み重なる。それを「ユニット」と呼びコミュニティの単位に。内装などにも木を多用していてメンテナンスや変更も容易。

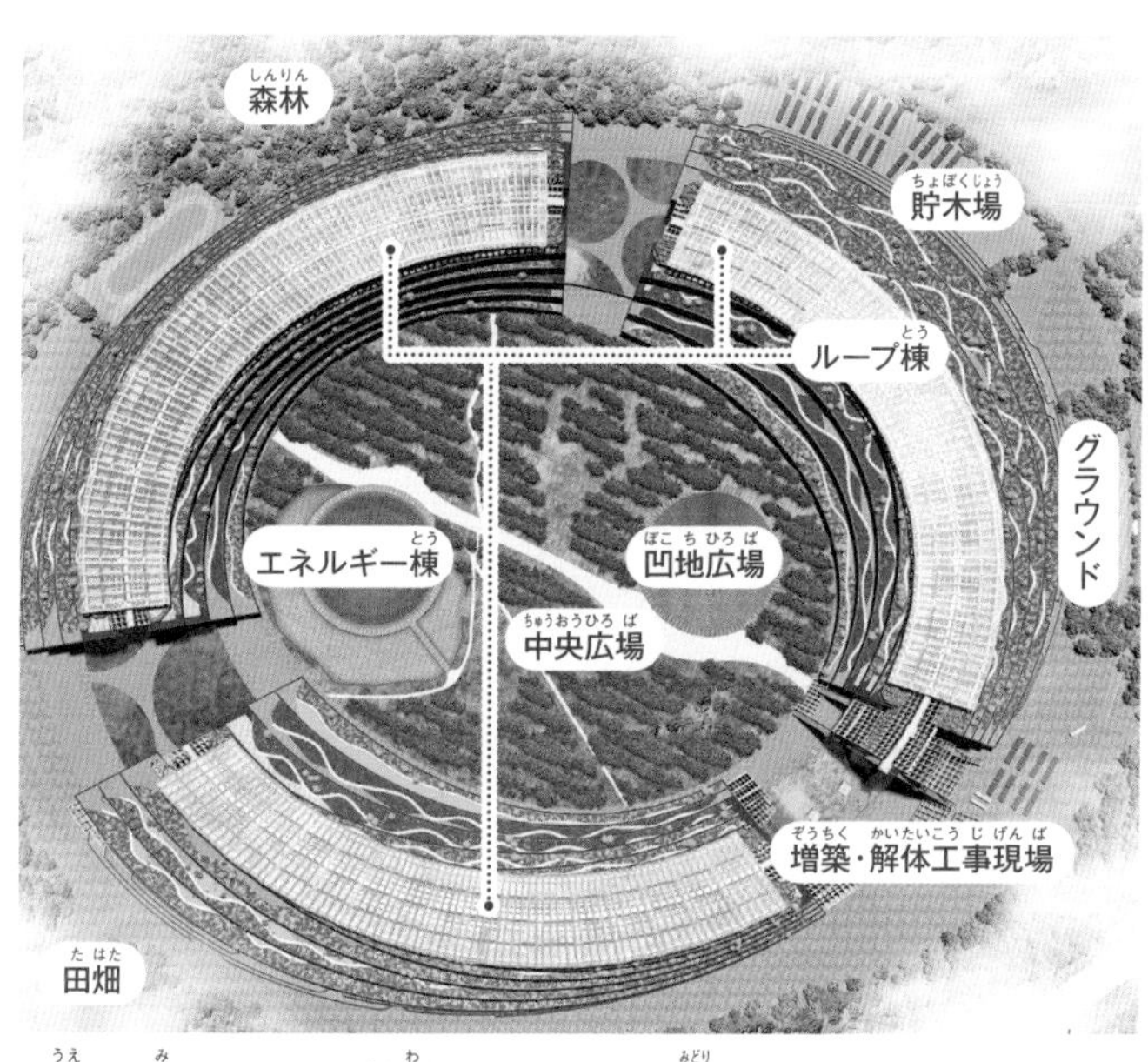

▲上から見ると、ループ（輪）になっている。緑もいっぱい

ループ棟の象徴の心柱を
建てるときには「立柱式」を開いて、
みんなで森に感謝するんだって

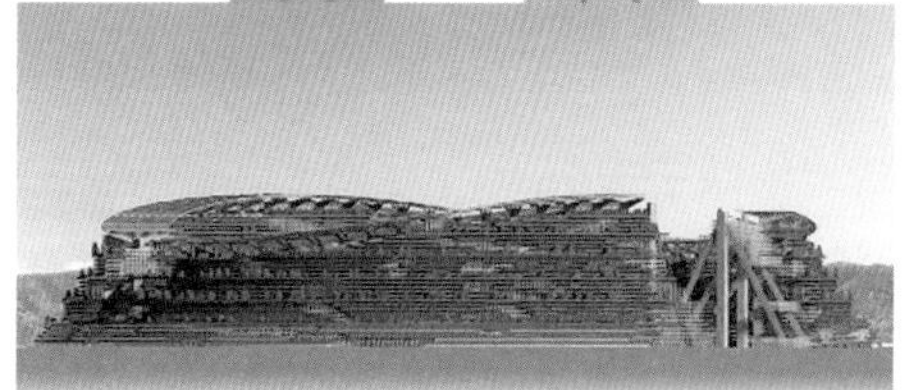

▲木の温もりをたっぷり感じられる斬新なデザイン

豆知識 周辺の森で育てたカラマツやスギなどを「エンジニアリングウッド」に加工して強化する。

豊かな自然を楽しめる
中央広場

1万5000人が住むループ棟にぐるっと囲まれている大規模な広場。グリーンが豊富で、中山間地域にあるため空気もキレイ。また、大きなドーム屋根になっているエネルギー棟の内部を、広場から見ることもできる。LOOP50全体が「木」で成り立っていることを改めて感じられる場所でもある。

この広場で
「ユニット」の人たちと
散歩やランニングするの
も楽しそう！

早わかりQ&A

Q どんな場所なの？

豊かな植栽や広い芝生が自慢の大きな広場だよ。周辺の森林とは趣きが違った自然との接点を楽しめるんだ。未来的でもあり、牧歌的でもあるよ。

Q 誰でも入れるの？

LOOP50の住民以外でも誰でも自由に利用できるよ。森林や森林資源と向き合える場所だから環境問題を考えるのにもいいね。

街の重要な役割を担う
エネルギー棟

「LOOP50」のエネルギーセンターであるバイオマスプラントと、伐採した木材の製材・加工所がある。天井はループ棟のトップライトと同じ木製の透明素材で、外から内部を見ることができる。中央広場に2か所の用地があり、50年ごとに新たに建て直す。その時に出る旧建物の廃材などはもちろん街のエネルギー源となる。

早わかりQ&A

Q 大きさはどのくらい？

高さ30メートル、直径100メートル。木造ドーム屋根が特徴で、無柱のダイナミックなスペース。地下部分は深さ20メートルだよ。

Q バイオマスプラントって？

電力供給するための「バイオマス発電」や、熱供給のための「バイオマス蒸気ボイラー」がある場所だよ。バイオマスとは再利用可能な、動植物由来の有機資源のこと。ここでは建物に使用して役割を終えた廃材などの「木質バイオマス」を使うんだ。

木造ドーム屋根

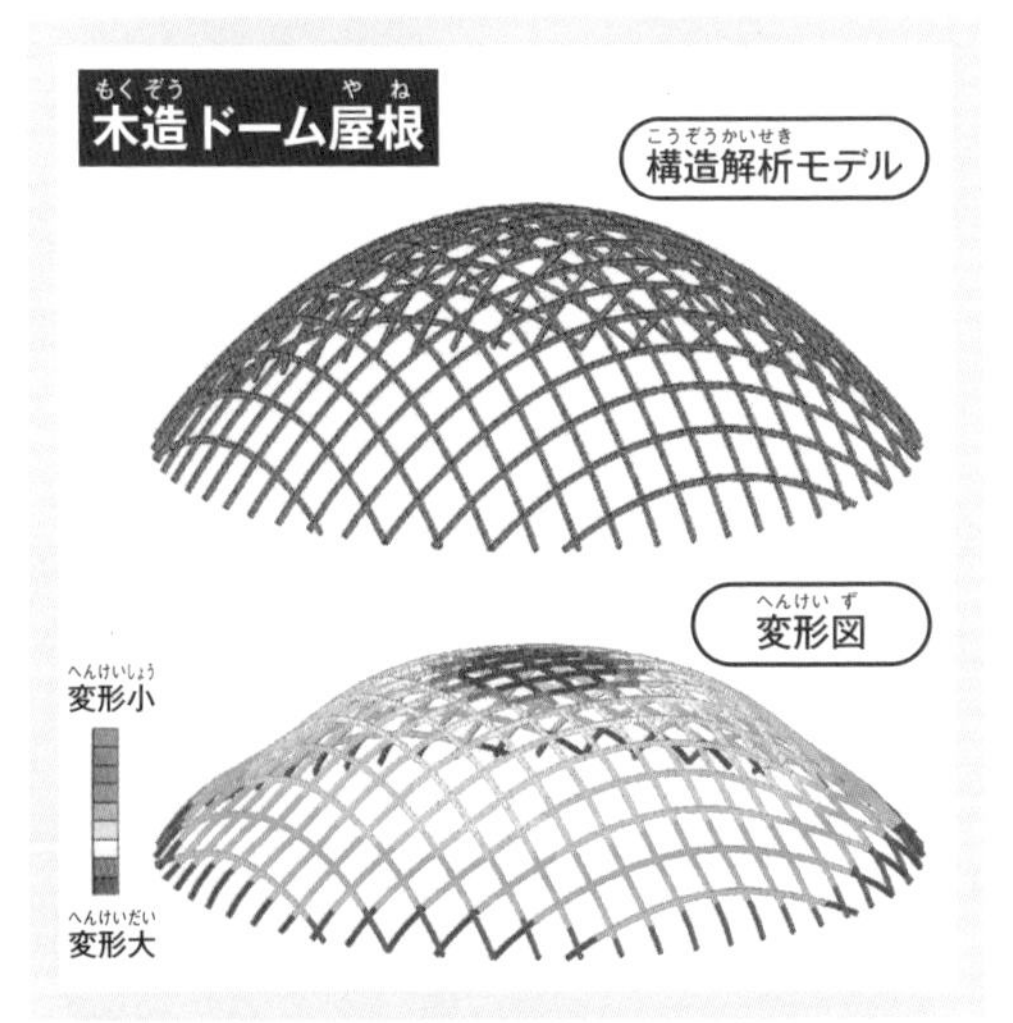

▲構造的に無理のない大型ドームを実現させる

広場から見えるエネルギー棟

中央広場でのんびりとした時間を楽しむ人たち。右手に見える大きなドーム状のエネルギー棟は、広場の象徴的存在でもある。

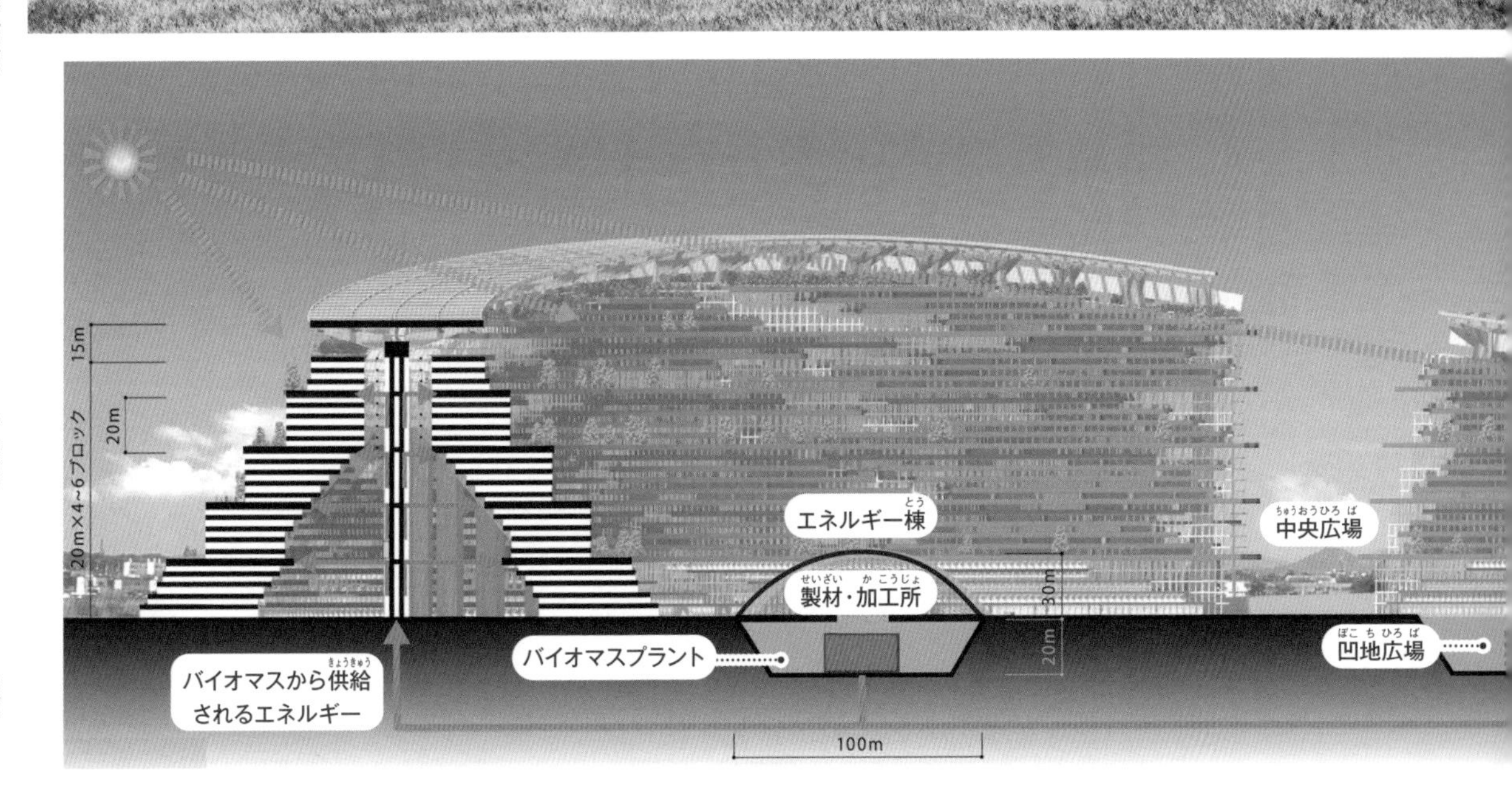

豆知識
木材を原料とした高強度の複合材、セルロースナノファイバー（CNF）という「ナノ」素材もあるよ。

PICKUP

2021年着工スタート!

トヨタが作り上げる未来型都市

ウーブン・シティとは?

自動運転やロボットを導入して
さまざまな"実証"をする街

2020年1月に、世界最大規模のエレクトロニクス見本市「CES2020(米・ラスベガス開催)」で発表された、トヨタが開発する「コネクティッドシティ」の名称が「ウーブン・シティ」。人々が生活を送るリアルな環境のなかに、自動運転やパーソナルモビリティ(ひとり乗りの小型移動支援機器)、ロボットやAI、スマートホームなどの先端技術を導入し、検証していく実証都市のことだ。未来を見据え、トヨタが新たな価値やビジネスモデルを生み出していく!

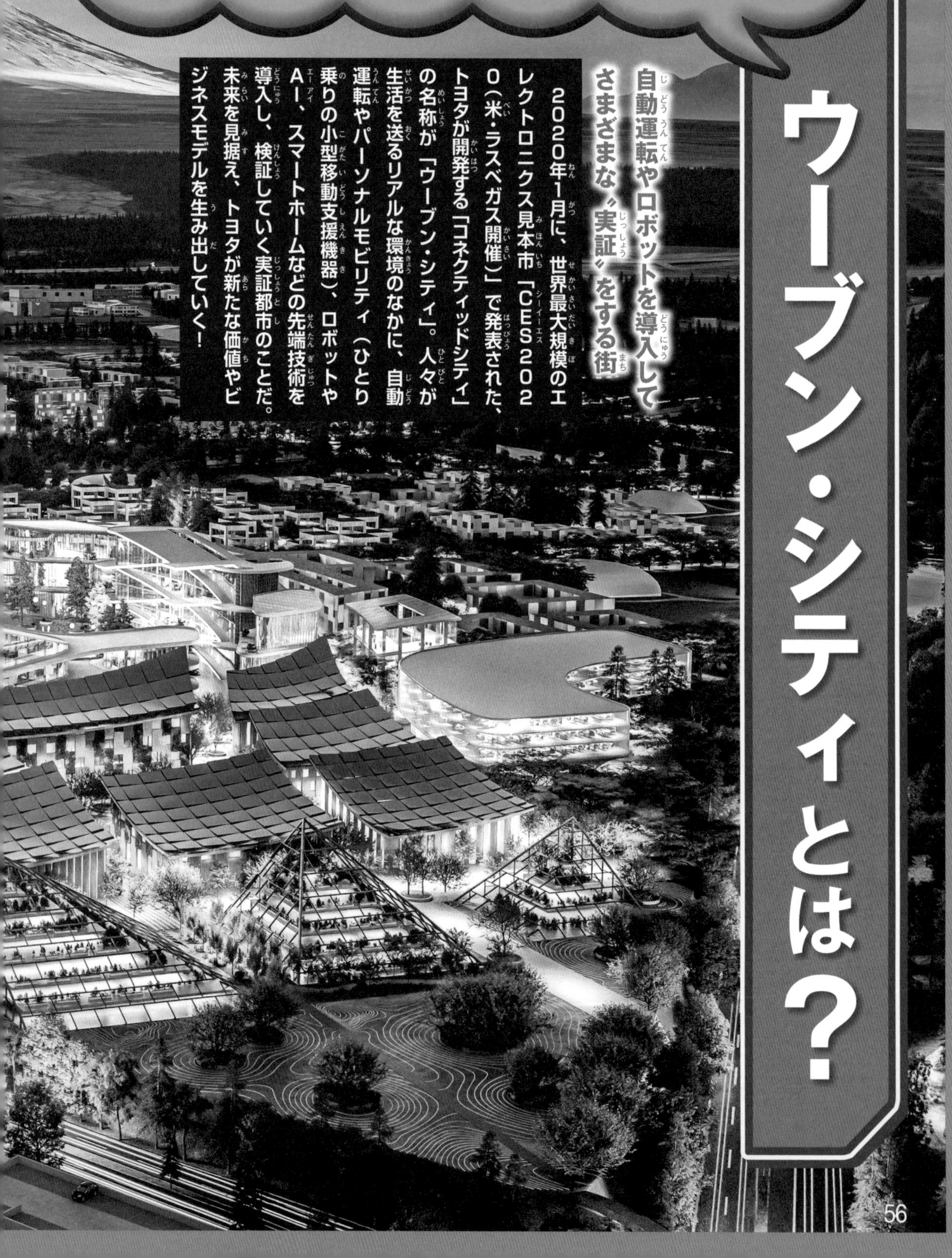

ウーブン・シティ
早わかりQ&A

Q どこにできるの？

静岡県の裾野市だよ。2020年末に閉鎖を予定しているトヨタ自動車東日本株式会社東富士工場の跡地で、広さは東京ドーム約15個分（175エーカー）もあるんだよ！

Q どんな街なの？

人々の暮らしを支えるあらゆるモノやサービスがつながる（＝コネクティッドする）街だよ。網の目のように道が織り込まれることから、「ウーブン・シティ（織られた街）」と名付けられたんだ。

Q 誰でも住めるの？

プロジェクトの初期は、トヨタの従業員や関係者しか住めないよ。最初は2000人くらいの入居が想定されているんだ。将来的には一般入居者も募集されるかも？

Q 誰が考えたの？

パートナー企業や研究者と連携しながら街づくりをするよ。都市の設計は世界最高の若手建築家といわれるデンマーク出身のビャルケ・インゲルス氏が担当だよ。

Q どうして作るの？

これからの時代を見据え、この街で技術やサービスの開発・実証を素早くやっていくためだよ。

富士山も見えるし、自然いっぱいの街だね！

シティの構想

1 街を通る道を3つに分類

道は次の３タイプ。①スピードが速い車両専用道で、「e-Palette」などの完全自動運転かつゼロエミッション（環境負荷ゼロ）の乗り物だけが走る道　②歩行者とスピードが遅い乗り物の道　③歩行者専用の公園内歩道のような道

2 建物は環境との調和やサステイナビリティが前提

天井も高くて広々していて住みやすそう！

街の建物は主にカーボンニュートラル（CO_2の排出量と吸収量がプラスマイナスゼロのこと）な木材で造り、屋根には太陽光発電パネルを設置。環境との調和やサステイナビリティを前提に街づくりを行う。

3 インフラは地下に設置

暮らしを支える燃料電池発電も含めて、この街のインフラはすべて地下に設置される。電線や電柱もなく、景観がスッキリしているのが魅力的。

4 ロボットやAIで生活の質を向上

ここで暮らす人々は、室内用ロボットなどの新技術を検証したり、センサーのデータを活用するAIによって健康状態のチェックも行う。最新のテクノロジーで生活の質をアップさせるのだ。

ゼロから新しく街ができるなんてスゴイね♪

ウーブン・6つの

5 e-Paletteが街のあちこちで活躍

お店にもなるよ！

e-Paletteとは、人の移動や物流、物販など多目的に活用できる自動電気自動車のこと。ウーブン・シティでは人やモノを運ぶほかに、移動用店舗として使われるなど、街のさまざまな場所で活躍する。

6 人々の集いの場や公園がいっぱい

街の中心や各ブロックには、さまざまな公園や広場が整備され、住民たちのコミュニケーションの場として使われる。広場ではイベントが開催されたり、e-Paletteの移動用店舗も来る！

◀2045年に東京湾にできるかもしれない「スカイ・マイル・タワー」。気候変動や自然災害に備えるために、アメリカのKPF社によって考案された。(画像:KPF)

気になる計画がいっぱい!

まだある! 未来の構想あれこれ

未来へ向けて、国内外でさまざまな構想や予測がされている。どんなものがあるのかチェックしてみよう!

西暦	分野	未来構想&予測の内容
2022	宇宙	アメリカのスタートアップ企業が国際宇宙ステーション近くに打ち上げた「高級宇宙ホテル・オーロラステーション」が開業し、最初の客を迎え入れる。
2023	宇宙	アメリカの宇宙ベンチャー企業「スペースX」が月の周回旅行をスタートする。
2025	都市	アラブ首長国連邦(UAE)のアブダビに、世界初のゼロエミッション(環境負荷ゼロ)の都市、「マスダールシティ」が完成。シティ全域を太陽光発電でまかない、無人の電動自動車が街なかを走る。
2025	都市	サウジアラビア、ヨルダン、エジプトの3か国をまたぐ共同都市「ネオム」の第一段階が完成。2万6500平方キロメートルの規模で、100%再生可能エネルギーでまかなう。
2028	宇宙	NASA(アメリカ航空宇宙局)が有人月面探査「アルテミス計画」を実現させて、月面とその周辺で持続的に滞在できるようになり、火星探査の足がかりとなる。
2030	交通	沖縄県に、那覇~名護間を1時間で結ぶ「沖縄縦貫鉄道」が完成。
2030	都市	中国の広東省とシンガポール政府が共同で開発している、人口50万人のスマートシティ「中新広州知識城」が完成。
2030	都市	世界中で、人口1000万人以上のメガ都市が40か所以上になる。世界中でどんどん「都市化」が加速し、2050年までに世界人口の約7割が都市に住む。
2036	都市	マレーシアに開発された人工島の巨大なスマートシティ、「フォレストシティ」が全て完成。70万人規模の都市に成長する。
2040	宇宙	日本の宇宙ベンチャー企業、ispaceが構想している月面都市「ムーンバレー」の人口が1000人になり、年間で1万人が訪問する。(17ページ)
2045	都市	アメリカのコーン・ペダーセン・フォックス・アソシエイツ(KPF)社が東京湾に高さ1600メートルの「スカイ・マイル・タワー」を完成させる。ネクスト東京という名のプロジェクトで、約5万5000人が居住できる都市計画。
2050	宇宙	日本、アメリカ、ヨーロッパなどの国々が火星の有人探査を実現させる。
2050	都市	地球温暖化による海面上昇で、モルディブの人工島「フルマーレ」に24万人が移住。
2050年代	宇宙	自給自足の火星の都市が建設可能となる。
2050年代	宇宙	ディープスペースと呼ばれる「深宇宙」へ探査機が突入している。

※2020年現在の情報

第2章

未来の乗り物

ハンドルのない自動運転車や空飛ぶクルマ、
ロケットのように速い旅客機など……
SFの世界が現実になりそうだ！

空飛ぶクルマ&バイク

実現に向けた動きが世界中で本格化

当たり前の時代が来る!?
一家に一台あるのが

人や物資を乗せてクルマやバイクが大空を自由に移動している――。そんな夢のような、SFのような日常が、実はそれほど遠くない未来に実現しようとしている。世界各国で研究・開発が盛んに行われているが、日本でも2018年に経済産業省と国土交通省が合同で「空の移動革命に向けた官民協議会」を設立。国と民間企業がタッグを組んで早期実現に向けて動いている！

▼▲空飛ぶクルマで都市でも地方でも移動がスムーズに。経済産業省は2023年の事業スタート、2030年代からの本格実用化を目指している。（画像は経済産業省ウェブサイト）

地方の過疎化や
都心の渋滞も緩和されるし、
災害時にも安心だね！

「2028年までに誰もがいつでも空を飛べる時代を創る」ことを目指しているんだって！

2023年度の実用化を目指す日本発の“スカイドライブ”

「誰もが空を走る自由へ」という思いを込め、航空機、ドローン、自動車などそれぞれのエンジニアを中心に立ち上がったスタートアップがスカイドライブ社。コンセプトモデルの「SD-XX」は、機体の四隅に8つのプロペラを配置し、「走る」と「飛ぶ」をスムーズに両立する、世界最小級のエア・モビリティ。2020年8月には「有人機SD-03」も初披露された。公開された飛行動画の再生回数は3日でおよそ100万回を超え、多くの注目と期待が集まっていることがよくわかる。

▲空飛ぶクルマで空をドライブする時代が来る！

▲初の有人飛行試験に成功した「SD-03」。全長全幅は各4メートルで重量は約400キログラム

早わかりQ&A

Q 誰が考えたの？
スカイドライブ社の人たちだよ。2012年に発足した有志団体CARTIVATORのメンバーを中心に創立された会社なんだよ。

Q いつできるの？
大阪での2023年度サービス開始に向けて関連事業者と提携が進められているんだ。それまで段階的に試験飛行が実施されるよ。

Q 運転免許はいる？
2028年度に自動運転が開始されたら免許はいらなくなる予定。それ以前はパイロット免許が必要だよ。

Q 速く飛べるの？
コンセプトモデルの飛行速度は時速100kmで航続時間は20～30分。道路は時速60kmで走るよ。

豆知識
「スタートアップ」とは新しいビジネスモデルの構築や、新しい価値を創造する企業のことをいうよ。

トヨタが米企業とタッグを組んだ！

電動垂直離着陸機（eVTOL）の開発を進めているアメリカのスタートアップ、ジョビー・アビエーションとトヨタ自動車が協業することが2020年1月に発表された。トヨタはジョビーに3億9400万ドル（約430億円）を出資したほか、技術開発にも協力していく。

近い将来、ウーブン・シティ（56ページ）の上空を飛んでいるかも？
空飛ぶタクシーとして開発されているものなんだね！

早わかりQ&A

Q どんな乗り物？

短距離・多頻度の運航を前提として、都会の空飛ぶタクシーになる予定。ゼロエミッション（環境負荷ゼロ）で地球にも優しいよ。

Q トヨタの役割は？

トヨタは設計や素材、電動化の技術開発に携わっていくよ。トヨタ生産方式のノウハウをジョビーと共有して早期量産を目指すんだ。

JALと住友商事が"Bell"と業務提携

空の移動に関わる安心・安全運航のノウハウをもっているJALと、全世界でさまざまな顧客やパートナー企業と信頼関係を築いてきた住友商事が、アメリカに本社をおく、業界トップクラスのBell（正式名はBell Textron）と提携することを2020年2月に発表した。3社は日本だけでなくアジアの市場調査なども視野にいれているぞ！

▼3社が手を組んで「空飛ぶクルマ」の普及を目指す

早わかりQ&A

Q どんな乗り物？

垂直離着陸ができる、電動のマルチコプター（eVTOL）だよ。短中距離向けのエアモビリティ（空飛ぶ乗り物）で、環境にも優しいんだ。

Q Bellって有名？

1935年の設立以来、85年も垂直離着陸機（VTOL）を作っていて世界的に有名だよ。ヘリコプターの商用認証を世界で最初に取得した実績もあるんだ。

神戸のスタートアップ、スカイ・リンク・テクノロジーズ

▲▶自動運転で、夜の街はもちろん、離島や山間部への移動もスイスイ！

1dayプラン
日本観光も1日でできる!

未来の旅行をイメージ！

9:00 東京出発
いままでは移動に2時間ほどかかっていたけど時速400kmの空飛ぶクルマでは30分に！

9:30 日光到着
あっという間に着いて世界遺産の日光東照宮をのんびり見学。11:30に日光を発つ。

12:00 富士山到着
約30分の飛行で富士山に到着。富士五湖周辺を観光したり、ご当地料理を満喫♪

16:30 京都到着
富士山から京都まで1時間以内！ 京都観光を楽しんで、18:30に京都を出発する。

19:40 屋久島到着
20:00になる前には屋久島の宿に着いた。夕ごはんを食べたら、明日のために就寝。

翌日6:00 屋久杉ハイキングへ
前日の移動の疲れは皆無。樹齢7200年ともいわれる縄文杉見学に向けて出発だ！

約40人による有志チーム「P.P.K.P-パーソナルプレーン開発プロジェクト」が前身で、さらなる開発のため、2019年に設立されたのがスカイ・リンク・テクノロジーズ。世界の動きを読み解き、「あったらいいな」を実現するものづくり集団で、高速性と垂直離陸を両立させるための「空飛ぶクルマ」を開発している。

▶目的地まで最速で到着することを目指している

早わかりQ&A

Q どんな乗り物を開発中？

1000キロメートルまでの中距離帯を時速400kmで移動できる機体を開発中だよ。採用したチルトウイング（主翼をエンジンポッドごと機体に対して傾けるもの）では、垂直離陸時に羽ごと上を向き、高いホバリング効率を実現。また、垂直離陸と高速水平飛行の両方を実現させるために可変プロペラを独自開発したよ（特許出願中）。

豆知識

eVTOLとは「electric Vertical Take-Off and Landing」の略。電動で動く垂直離着陸機。

欧州のエアバス社が完全自律飛行に成功！

欧州航空機メーカーのエアバスは空飛ぶクルマの開発に積極的で、いくつかのプロジェクトを立ち上げてきた。なかでも実用化しそうなのが4人乗りの空飛ぶタクシー、「シティエアバス」。2019年5月に実物大デモの初飛行に成功、2020年7月には完全自律飛行に成功した！

▲航続距離は約96キロメートル。プロペラで推力するためマルチコプタータイプとも呼ぶ。（画像：エアバス）

早わかりQ&A

Q 大きさはどのくらい？

機体の大きさは8×8メートルで、ダクト（気体を運ぶ管）付きのプロペラは2.8メートル。重さは2.2トンだよ。乗客4人を乗せても大丈夫なように計算されているんだ。

Q どんな乗り物？

遠隔操縦できるeVTOLだよ。4つのダクトを備えた8発の電動プロペラで飛行し、4人まで乗せることができる。固定ルートを時速約120km、最大15分間飛ぶことができるんだ。

アメリカのウーバーと韓国・現代自動車が提携

アメリカの配車サービス・配車アプリのウーバーと韓国の現代自動車が、2020年1月に提携を発表。現代自動車が開発中の空飛ぶクルマ「パーソナル・エア・ビークル（PAV）」を、空飛ぶタクシーの開業を目指している「ウーバーエレベート」が採用する予定！

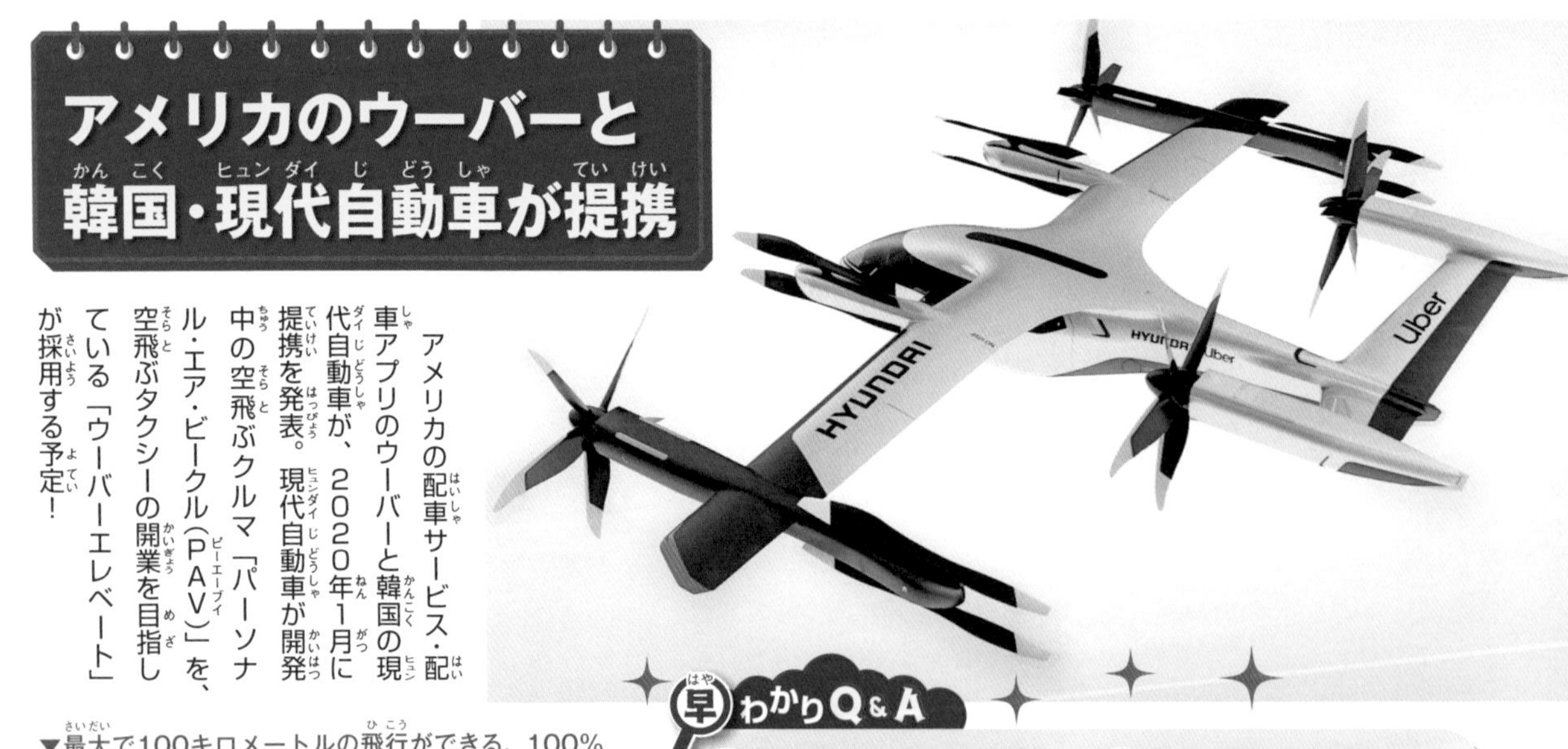

▼最大で100キロメートルの飛行ができる、100%電動の航空機。2023年に試運転を始める予定

早わかりQ&A

Q どんな乗り物？

コンセプトモデルの「S-A1」は5人乗りのeVTOLで、最高時速290kmで約300〜600メートル上空を飛ぶ。離発着時に使うターミナルも開発中だよ。

Q 誰が考えたの？

韓国の自動車メーカー、現代自動車が、2019年に空飛ぶクルマの開発部門を作ったんだ。部門ができてから彼らが考えた初めてのコンセプトモデルだよ。

Check! プロドローン社が開発する"空飛ぶ救急車"とは？

数多くの産業用ドローンを手がけているプロドローン社が開発を目指しているのは"空飛ぶ救急車"をコンセプトにした、eVTOL。パイロットは搭乗せずに遠隔サポートで傷病者を搬送する。自治体や病院、空港、テーマパークなどに提供することを目指して取り組んでいる。

このドローンに付けられた名前は「SUKUU」。いずれは災害時の救世主になるかもね！

早わかりQ&A

Q どんな乗り物？

高さ2.4メートル、機体重量100キログラム、最高速度は時速40kmのひとり乗りの救助機。遠隔操作で災害発生時に迅速に活躍するよ。

Q 誰が考えたの？

国内トップレベルの産業用ドローン特許出願取得数を誇るプロドローンの人たちだよ。ひとりでも多くの命を助けるために考えられたんだ。

▼機体にモニターがあり、オペレーターとコミュニケーションがとれる

▲ストレッチャーを搭載するタイプも構想している

◀災害現場から安全な場所まで素早く搬送！ 提供先ごとに異なる管理体制など、課題解決も目指していく

まだある！ プロドローン社の未来のドローン

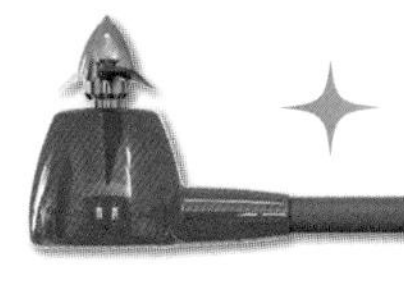

▼「直接作業型ドローン」。自由に動く多関節アームを持ち、人が近づけない場所でも作業をしたり、物を回収してくれる。遠隔操作もできる！

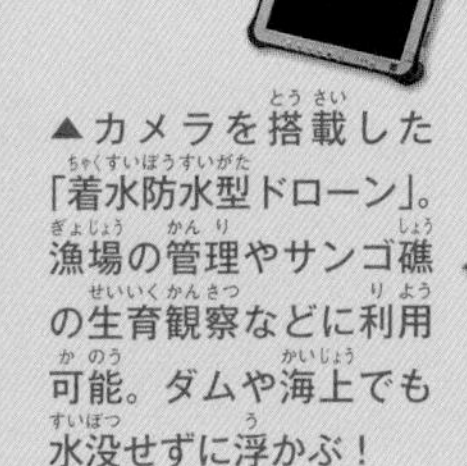

▲カメラを搭載した「着水防水型ドローン」。漁場の管理やサンゴ礁の生育観察などに利用可能。ダムや海上でも水没せずに浮かぶ！

豆知識 全日本空輸（ANA）は2025年の大阪万博で「空飛ぶタクシー」の実用化を目指しているよ！

A.L.I.テクノロジーズが開発する「XTURISMO」

「クルマやバイクが自由に空を飛び交う、エアモビリティ社会の実現を目指している」という、2016年設立の日本のスタートアップ、A.L.I.テクノロジーズが開発しているのは「XTURISMO」という名のひとり乗りホバーバイク。地面から浮いて、道無き道を移動する次世代モビリティだ。

▲浮いて走るから悪路でも水上でもへっちゃら！

早わかりQ&A

Q どんな乗り物？

生活領域（数メートル〜数百メートル）の空中を自由に走行できるバイクだよ。低い位置を走ることで安全性が保たれるんだ。

Q どんな仕組みなの？

車体の前後に大型ファンをつけて、ドローンのような仕組み（プロペラ）と、センサーでの制御によって浮き上がって走るんだよ。

Q いつ頃できるの？

2023年に日本の公道で走れるモデルの発売が目標で、法に合うよう開発中だよ。その前に中東などの砂漠で走る可能性もあるんだ。

◀大きなファンが前後に、四隅に車体を安定させる小さなファンがある

全長は2.8メートル。デザインもかっこいいね！

▼レースやレジャー、災害支援にも活用できる

▲空の道路のイメージ。未来の空を悠々と飛んでいるかも？

▼4つの大きなプロペラが絶妙な角度で付いている。2025年の実用化を目指して開発が進められている

米国開催のコンペで受賞！革新的な乗り物「teTra」

東大発のテトラ・アビエーションは「移動をより便利で快適にするため」に、eVTOL（電動垂直離着陸機）、「teTra」の研究開発をしているスタートアップ。2020年2月にアメリカで開催されたひとり乗り航空機開発コンペ「GoFly」では、最終飛行審査に進出し、"最も革新的な開発を手がけた、破壊的イノベーターに与えられる"という栄えある賞を受賞した！

▶▼個性的な見た目の機体。ネット（網）付き飛行場や屋内試験場でテスト飛行されている

早わかりQ＆A

Q どんな乗り物？

受賞した"teTra Mk-3"は、ひとり乗りのeVTOLだよ。4つのプロペラで垂直に浮き上がり、翼を使うことで、水平に飛んだり、より遠くまで飛行できるんだ。

Q 誰が考えたの？

東京大学大学院に籍を置く、代表の中井氏をリーダーに、日本、インド、韓国などから集まったメンバーたちだよ。2020年8月にはJAXAと共同研究を始めることも決まったよ。

豆知識

ドバイの警察は空飛ぶバイクの導入をすでに決定していて、テストやトレーニングを実施している。

太平洋を2時間で横断できる!? 夢の飛行機

極超音速旅客機・超音速旅客機

音よりも速く空を駆け抜ける！
超未来的な旅客機を世界で開発している！

「音速」とは、音が空気を伝わる速さのことで時速約1225㎞。「超音速」はそれよりも速い速度。そして「極超音速（ハイパーソニック）」は音速の5倍（時速約6170㎞）以上の速度のことをいう。いま、日本、アメリカ、ヨーロッパなどの国々で開発が進められているのが、そんな「一瞬」で、空を駆け抜けていく夢の旅客機だ。日本では宇宙航空として、JAXAが開発を手がけている。

▶2020年2月、宮城県のJAXA角田宇宙センターにて、極超音速旅客機・機体搭載形態でエンジンの燃焼実験に成功した

マッハ5で移動した場合は、東京からニューヨークまで約3時間で移動できるんだって。感動的な速さだよね！

Check!

エアバスが発表したCO2排出ゼロの旅客機

▲▼3種のコンセプトモデルを発表。主翼と胴体が一体化したものも（画像：エアバス）

欧州の大手航空機メーカー、エアバスは2020年9月に水素を燃料にして飛ぶ、CO2排出ゼロの航空機「ZEROe」を発表！ ジェット機タイプやプロペラ機タイプなどがあり、2035年の実用化を目指す。

JAXAが研究開発中！エンジン試験は成功！

超音速旅客機よりも速く、さらに上の高度を飛ぶため、宇宙航空研究開発機構（JAXA）が極超音速旅客機を開発している。JAXAが目指すのは、太平洋を2時間で横断できるマッハ5クラスのもの。マッハ4飛行状態でのエンジン試験は成功し、さらなる研究・開発が進む。

Q どんな旅客機なの？

東京～ロサンゼルス間を約2時間で結ぶ極超音速旅客機だよ。全長約90メートルの機体に乗客100名が乗れるんだ。

Q いつ頃できるの？

2005年に長期ビジョンが検討されて、2025年の飛行を目標としているよ。段階的に少しずつ実現に向かっているんだ。

JALがサポートする、米国のスタートアップ

世界中で多くの企業が超音速旅客機の開発に乗り出しているが、特に一目置かれているのがアメリカのデンバーに本社を置くスタートアップのBOOM社。2017年12月にJALはBOOMと提携、1000万ドル（約11億円）の出資を行って優先発注権（20機分）も手にした。JALは航空会社の視点で協力していく。

早わかりQ&A

Q 何人乗れるの？

席はビジネスクラスのみで、乗客は45～55人を想定しているよ。航続距離は8334キロメートルだから国際線でも利用できるね。

Q いつ頃できるの？

2020年代半ば以降の実現を目指しているよ。技術実証機「XB-1」で飛行技術を検証し、超音速旅客機「Overture」開発につなげるんだ。

洋上飛行時のスピードはマッハ2.2を想定しているんだって！ 時速にすると約2335kmだよ！

豆知識

「音速」の単位には、物理学者のマッハ博士にちなんだ「マッハ」を使うよ。音速の5倍がマッハ5。

実現へのゴールに向かって航行中！

未来の船・潜水艦

海の未来を守っていくため さまざまな挑戦がされている

「地球の表面の70％は海」って知っていただろうか？　海には「ただ水がある」わけではない。大きくとらえると海のおかげで気候が安定したり、生き物の全てが循環しているといえるんだ。未来の海を守るため、「船」もどんどん進化を遂げていて、環境などを考えたものが世界中で次々と開発されている。個性あふれる潜水艦もできる予定だからチェックしよう！

泳ぎが苦手でも、これなら気軽に海の世界を楽しめるのがうれしいな♪

早わかりQ＆A

Q どんなもの？

水深100メートルまでの海の中を自在に移動ができて、自動運転技術も搭載されているよ。球体はアクリル製で、内部は水圧の影響を受けずに過ごせるんだ。

Q いつ頃できるの？

2022年のサービス開始に向けて開発が進められているよ。その後、世界各地の海で展開される予定なんだ。

海の中の世界を旅する 潜水球体「シーバルーン」

「海を日常に」という理念のもと、「シーバルーン」の開発に取り組んでいるのが2016年に東京で設立されたオーシャンスパイラル。未知の環境である海中世界を、しゃぼん玉のような球体「シーバルーン」に乗って楽しめる。

▶シーバルーンは船とドッキングしていて、船の2階から乗り込み、切り離されることで海の中へと旅立つ

▲前身となる、2030年のコンテナ船、「NYKスーパーエコシップ2030」はCO2排出69%削減目標

日本郵船が考案するCO2排出ゼロの船

日本郵船が構想する2050年の船、「NYKスーパーエコシップ2050」は、燃料電池を利用した電気推進装置や、太陽光パネルを採用したCO2排出ゼロの船舶。スクリューをなくして、代わりに複数の「イルカの尾」のようなフラップが水中で羽を振って進んでいくぞ！

早わかりQ&A

Q どんな船なの？

日本郵船がMTI、エロマティック社と共同で打ち出した2050年の自動車運搬船。船体を軽くして必要エネルギーは現在より67%削減するよ。

Q エネルギーは？

再生可能エネルギー由来の液化水素燃料電池と太陽光パネルで、ゼロエミッション（環境負荷ゼロ）なんだ。

Check! 世界各国の潜水艦も未来型が続々！

©UK MOD Crown

▲イギリス海軍の50年後の潜水艦は、エイの形!?

世界最強の性能とも言われている、日本の潜水艦「そうりゅう」をはじめ、世界には注目の潜水艦がいっぱい。中でもイギリス海軍が発表しているエイの形の潜水艦やウナギの形の探査船はユニークで未来的。フランス海軍はマッコウクジラをモチーフにするとか!?

日本財団が中心となって無人運航船の実用化へ！

船員の高齢化や船員不足、人的ミスによる事故などを考えると、無人運航船の普及が期待される。そこで、日本財団が中心となり、日本国内の英知を結集し、無人運航船の実証実験を開始した。この取り組みは「MEGURI 2040」と命名され、2025年までに実用化を目指している。

▲2040年に50%の船舶が無人運航船になった場合、年間で約1兆円の経済効果が期待されている

40以上の企業や団体が参画しているよ！

豆知識 日本の技術が結集されている潜水艦「そうりゅう」は、最長で2週間の潜水が可能というから驚き！

未来のクルマは運転免許証がいらない!?

自動運転車

▲移動中の車内が会議室にもなる！（画像はボルボの360c）

実用化に向けた動きがスピードアップしている！

今後の発展が期待されている乗り物のなかでも、ハズせないのが「自動運転車」。世界中のメーカーが開発に力を入れており、さまざまなコンセプトカーも発表されている。自動運転車ができれば、運転ミスによる交通事故が減るだけでなく、移動中に食事をしたり、読書をするなど時間を有意義に使うことができる。さらには渋滞によるストレスや運転疲れもなくなるなど、メリットがいっぱい！

早わかりQ&A

Q 自動運転車ってどんなもの？

人間がしていた「認知」「判断」「操作」を車自らが行うんだ。赤外線カメラ、光学式カメラ、ミリ波レーダー、超音波センサーで「認知」して、AIなどが歩行者や他車両の動きを予測したり「判断」する。そして自動ブレーキやハンドルの制御システムによって「操作」されるよ。ほかにもGPSなどいろいろな技術が複合的に連動するよ。

2040年には約3割、2050年には約8割が完全自動運転車になるともいわれているんだよ！

★自動運転の６つのレベル

レベル		名称	内容
レベル5	車が運転	完全運転自動化	すべての運転操作を車が行う。
レベル4	車が運転	高度運転自動化	すべての運転操作を車が行えるが、走行可能エリアは限定されている。
レベル3	車が運転	条件付き運転自動化	すべての運転操作を車が行えるが、緊急時には人が運転をする。
レベル2	人が運転	部分的運転自動化	速度操作とハンドル操作の両方を車がサポートする。
レベル1	人が運転	運転支援	速度操作かハンドル操作のいずれかを車がサポートする。
レベル0	人が運転	運転自動化なし	すべての運転操作を人が行う。

VOLVOのコンセプトカー「360c」は走る寝室!?

スウェーデン発の自動車メーカーボルボ・カーズが描く未来のクルマ「360c」は「自由に過ごせる快適でパーソナルな移動空間」。運転操作がいらない自動運転レベル5で、車内ではお酒を飲んでくつろいだり、オフィスとして利用したり、寝室にすることだってできる！

早わかりQ&A

Q 誰が考えたの？

スウェーデンにあるボルボ・カーズの本社が2018年に発表したコンセプトカーだよ。距離によっては飛行機の代替手段にもなるね！

Q どんな車？

完全自動運転の電気自動車（EV）だから、運転席がなくて、空間も時間も自由に使えるよ。環境にも優しいし、移動疲れもしないよ。

▼都会によく似合うスタイリッシュな見た目

ホンダが目指すのは意のままに動く"足"

2020年1月にアメリカ・ラスベガスで開催された世界最大級の見本市で、ホンダは自動運転を超えた「自由運転」を目指すと発表。自動運転技術でドライバーの安全を守るだけではなく、車に搭載したさまざまなセンサーで人の意思を読み取り、もっと自由に移動できるという驚きの構想だ！

◀ホンダのハンドルはさまざまなセンサーで人の意思を読み取れるように進化していく。ジェスチャー操作にも対応！

早わかりQ&A

Q どんな車？

自分の「足」のように車をもっと自由に意のままに操れるよ。お散歩するみたいに動かせるから、いろいろな発見や出会いがあるかもね！

Q ハンドルはないの？

自動運転になってもハンドルを残して進化させるんだ。まわすだけじゃなく、押したり、引いたり、叩いたり、なでたりしても運転できるんだよ。

豆知識 EVとは「Electric Vehicle」の頭文字で、電気自動車のこと。近未来はEV車が占めそう！

日産自動車が目指している"2ゼロ"の次世代モビリティ

日産自動車が目指す、未来の電気自動車と自動運転を具現化したコンセプトカーが「ニッサンIDSコンセプト」。人間よりもはるかに優れた最先端のセンサーと知能を備え、ゼロ・フェイタリティ（死亡事故ゼロ）とゼロ・エミッション（環境負荷ゼロ）を達成する！

早わかりQ&A

Q どんな特徴があるの？

「ニッサンIDSコンセプト」は、自動運転のPDモードと、ドライビングが楽しめるMDモードがあって、どちらかを選ぶことができるんだ。それに、再生可能エネルギーを車に蓄電して住宅やビルの電力にも使えるよ。このコンセプトカーの技術は、近い将来、現実のクルマに搭載されるはずだよ！

▶▼100%電気自動車で、1回の充電でも長距離走行が可能
◀MDモードでは運転を楽しめる

トヨタ車体が考える2030年のミニバン

トヨタ自動車のミニバンの企画や開発・生産を担うトヨタ車体が東京モーターショー2019で発表したのが、「PMCVコンセプト」。タマゴのような独特なフォルムとシンプルな内装が印象的で、ひとりから7人まで乗る人や載せるものに合わせてシートの位置や向きを変更できる。

▼シンプルながらも未来的な見た目をしている

早わかりQ&A

Q どんな車？

自動運転だから、人が乗らなくても目的地に到着するよ。シートを全部使えば7人でミーティングができるし、自宅のリビングのようにも利用できるんだ。

Q 活用方法は？

地域の移動や乗り合いサービスに使ってもいいし、車椅子も載るから福祉や医療にも活用できる。ほかに配送サービスなどいろいろな可能性があるよ。

世界初の覚醒・リラックス誘導機能付きシートで、快適に運転できるよ！

▲先進的なインパネ。有機ELメーターを搭載し、高い視認性も確保

トヨタが提案するのは人に寄り添う「愛車」

トヨタ自動車が「新しい時代の愛車」を具現化した2019年発表のコンセプトカーが「LQ」。2017年発表の「Concept-愛i」で表現した未来の愛車体験コンセプトを忠実に実現しており、「YUI」というAIエージェントや自動運転機能を搭載している。自動運転レベル4相当で、安全・安心で快適な移動が楽しめる。

早わかりQ&A

Q どんな車？

自動運転レベル4相当で、100%電気自動車。人工頭脳「YUI」も搭載していて、ユーザーの感情や眠気などもわかるんだよ。

Q 環境にも優しいの？

オゾンを酸素に還元して大気を浄化する「大気浄化塗料」を採用していて、走れば走るほど空気がキレイになるクルマなんだよ！

豆知識　コンセプトカーとは自動車メーカーが今後の技術やデザインの指針を示すため、考案されたもの。

Check! まだまだいっぱい！ 世界の自動運転車の構想

▶◀メルセデスベンツの「ヴィジョンAVTR」。生物のような弓形ボディの後部には33個のうろこ状のフラップが付いている。カニのように横移動もできる

Waymo	ROLLS ROYCE	Mercedes-Benz	BMW	Audi
グーグルの自動運転車開発部門のウェイモは2020年3月に第5世代の自動運転システムを発表。ジャガーのEVを搭載。	2016年に発表された「108EX」はセレブ感満点の造り。内部は高級なふたり掛けソファと大型ディスプレイのみ。	映画『アバター』と組んで制作したコンセプトカー「ヴィジョンAVTR」。2020年1月に発表された自動運転EV車だ。	2018年にスペインのバルセロナで開催された「MWC2018」で、BMW i3をベースにした、レベル5のプロトタイプを発表。	「Audi Aicon」は4ドアでクーペのような見た目。レベル5の自動運転を実現したEVで、700～800kmの航続可能。

時速500kmで浮きながら走る！

PICKUP

JR東海のビッグプロジェクト

リニア中央新幹線とは？

高精度・高信頼の「自動運転システム」を採用しているんだって

より速く走らせるため、磁石の力を利用する超電導リニア

JR東海が進めている巨大プロジェクトが、東京〜名古屋間を最速40分、その後、延伸させて東京〜大阪間を最速67分で結ぶ、「リニア中央新幹線」。磁石の力で車体を浮かせて時速500kmの猛スピードで走るという、まさに夢のような乗り物だ。それでいて静かで乗り心地もよく、東海道新幹線で培ってきた安全面もしっかり受け継がれていく予定。さまざまな試練と向き合いつつ開業を目指している。

リニア中央新幹線

早わかりQ&A

Q 超電導リニアって何？

磁気浮上式リニアモーターカーだよ。超電導磁石を使って推進力と浮力を生み出し、浮かせて走らせるよ。

Q いつ頃できるの？

2027年に東京～名古屋間開業を目標としていたけど、延びそうなんだ。

Q どうして作るの？

東海道新幹線は50年以上も使われ劣化や災害対策を考える必要があったんだ。「より速く、安全で快適に」と考え、リニアを作ることになったよ。

Q 大きさや車両の数は？

車両は東海道新幹線と同じ16両編成程度。L0系の車両の大きさは、先頭車28メートル、中間車24.3メートル、車体幅2.9メートル。

Q 時速500kmって怖くない？

走行する姿を見るとものすごく速くて恐怖を感じるかもしれないけど、車内はとても静かで快適な空間だよ。

Q 詳しく学べる場所はある？

山梨県の都留市に「山梨県立リニア見学センター」があるよ。リニアの速さを体験することもできちゃうよ！

開業したら、首都圏、中京圏、近畿圏が一気に近くなるぞ！

❶甲府盆地をテスト走行したときのL0系。現在は改良型試験車が走行している
❷開発初期に走行試験で使われていたMLX01系
❸東海道新幹線と同じく、シートベルトはない。防犯やセキュリティ対策もしっかり行われる

▼L0系の試験車。先頭部の鼻の長さは15メートル

PICKUP

2029年の打ち上げに向けて JAXAとトヨタが共同開発中!

月面探査車「有人与圧ローバ」

有人与圧ローバ

Q どんなクルマなの?

燃料電池車(FCV)技術を用いた、月面探査車。月面で人を乗せて1万キロメートル以上の走行を可能とするんだ。

Q 大きさはどのくらい?

2019年に発表されたコンセプト案では、全長6×全幅5.2×高さ3.8メートル。マイクロバス約2台分の巨体だよ。

Q 人も乗れるの?

車内の居住空間は13立方メートル(4畳半ほどの大きさ)で、2人滞在できるよ。緊急時には4人まで滞在可能だよ。

Q いつ頃できるの?

共同研究協定を締結したのが2019年で、試作車の制作や実験を段階的に行って2029年の打ち上げが目標だよ。

Q 燃料電池自動車って何?

搭載した燃料電池の中で、水素と酸素を化学反応させて発電、その電力でモーターを動かして走る車だよ。

Q 有人与圧ローバって何?

燃料電池車技術で車両内部の気圧を人に適したものに保った、ローバ(Rover=探査車)のことだよ。

10年間かけて段階的に開発するんだね!

宇宙開発・研究・ビジネスなど さまざまな夢に向かって前進中

２０１９年３月に宇宙航空研究開発機構（ＪＡＸＡ）とトヨタ自動車が「有人与圧ローバ」の共同研究の協定を締結。ＪＡＸＡは、月の資源（水氷など）や月の重力の調査ミッションにおいて、「有人与圧ローバ」の実現に向けた走行技術に関するデータ取得や実証を行う。トヨタは、開発のために30名規模の専門チームを立ち上げた。宇宙の専門機関と、モビリティのプロ集団がタッグを組んで夢の実現に向かって走っている！

▲巨大な太陽光パネルも設置されている

▲人間と比較したサイズがこちら。マイクロバス約２台分のサイズでとても大きい

▶大きなタイヤが印象的な、ゴツい見た目の月面探査車。2029年が楽しみ！

愛称は「LUNAR CRUISER」に決まったよ！

ブリヂストンも加わって“チームジャパン”になったんだよ！

Check! ブリヂストンが月面専用タイヤを開発しているよ！

▶タイヤが月面のやわらかい砂に埋まっても動けるよう、グリップ力を発揮する

◀ラクダやダチョウの足のウラをヒントにしている

早わかりQ&A

Q どんなタイヤなの？

最大の特長は「オール金属製」。月面の大きな外気温差と宇宙線に耐えるには金属が適しているんだ。

Q 作るのは大変？

月面環境下を大きな車体で、42日間で1万キロメートル以上走る……大変なタイヤの開発だよ。

ＪＡＸＡとトヨタが共同研究を発表した翌月には、ブリヂストンが「有人与圧ローバ」のタイヤ開発を担うことがわかった。地球と月では重力も外気温もまったく異なるため、さまざまな課題解決に向けて、大きなチャレンジが行われている。

もっともっと便利で安全になる！

未来のモビリティあれこれ

モビリティとは、車、電車、バスなど移動するための手段のこと。自動車中心だった時代が終わり、次世代のモビリティが続々！

歩行領域EV

◀空港や工場などの施設で、循環・警備、観光などのために開発された、立ち乗りタイプのモビリティ。座り乗りタイプや車椅子と連結できるタイプもある

▶人の移動、物流、物販などに使える、電気自動運転車。小さな箱型がかわいい。ウーブン・シティ（56ページ）でも走る

多目的自動運転EV「e-Palette」

人や荷物の輸送車「e-Trans」

▼人が快適に移動できると同時に、荷物の運搬もできるライドシェア（相乗り）モビリティ。スロープが自動で出て、マイクロパレット（89ページ）が乗降する

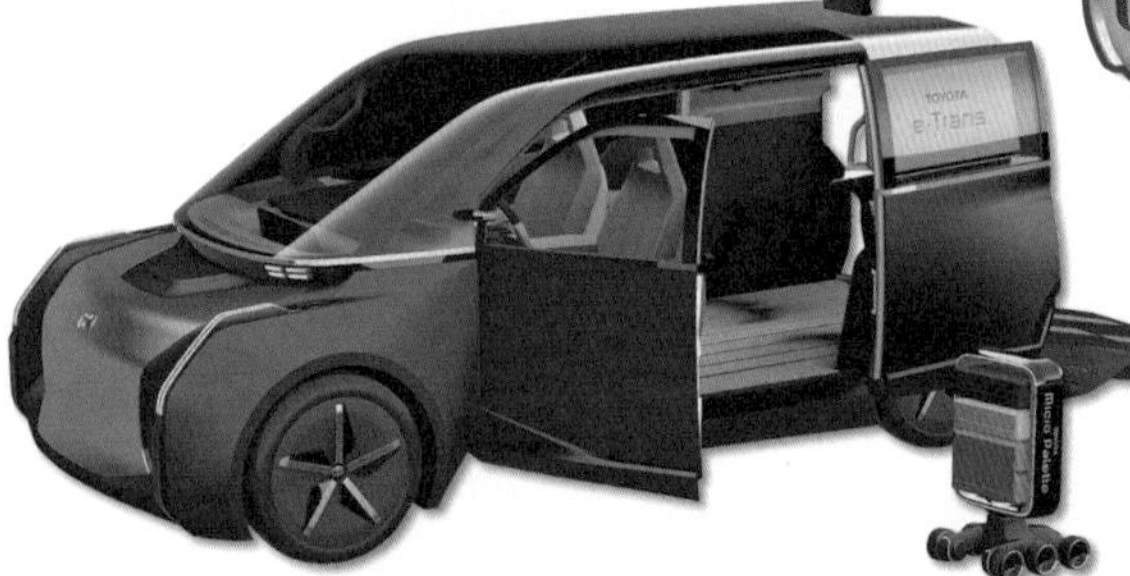

TOYOTA e-Care

電動救急車「e-Care」

▲自宅や外出先など必要な場所へ駆けつけてくれる、未来の電動救急車。後ろには車椅子を乗せるスペースもある

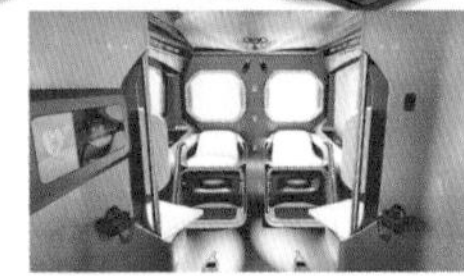

▲移動中にリモートで医師の診察を受けられる

▲自動運転車が、行きたいところへ連れていってくれる

ひとり乗り自動運転車「e-4me」

▲「未来のちょっと贅沢なひとり乗りモビリティ」をテーマにした、小さな自動運転車。移動しながら人目を気にせず、ひとりの時間が楽しめる

▶ゲームをしたり、動画を観ながら過ごすのも◎

※このページはすべてトヨタ自動車のコンセプトカー

第3章
未来の暮らし
ロボット技術やAI（人工知能）など、身近な暮らしのなかにも最先端のスゴイ技術が急速に増えている！
TOYOTA
Micro Palette
LOGISTICS
AED
AED
EXP
COFFEE
SECURITY
MODEL-T

スマートハウスやZEHが主流になっていく!

未来の家・ビル

どんどん進化していく 環境に配慮した家

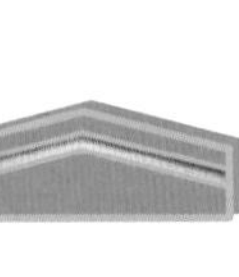

私たちにとって「家」とは何だろう? 単なる寝床? 家族でごはんを食べる場所? よい住まいは幸せな家庭を育むともいわれ、「家」は年々進化し、人にも環境にも優しく快適な生活ができるように研究・開発が進められている。

エネルギー消費を最適化するスマートハウスと並んで、これからの家の主流になるといわれているのがZEH。ZEHとは「ネット・ゼロ・エネルギー・ハウス」の略で、簡単にいうと「使うエネルギーより創るエネルギーの方が大きい」住宅のこと。厳密には年間の一次エネルギーと創るエネルギー量の収支が正味ゼロ以下の住宅だ。

「電気は発電所から送られてくるもの」といった概念が変わり、それぞれの家で発電することが当たり前の時代になってきているんだ。家で電気を作り出せれば自然災害時にも心強いぞ。

▲太陽光で作った電気を蓄電池にためて使うエネルギー収支ゼロの家、"ZEH"。未来の主流になりそう

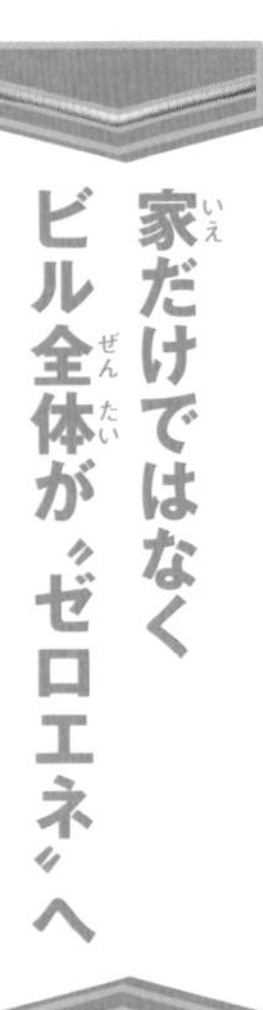

家だけではなく ビル全体が〝ゼロエネ〟へ

ZEHのビル版のことをZEB(ネット・ゼロ・エネルギー・ビル)という。省エネによって使うエネルギーを減らし、創エネによって使うエネルギーを創ることで、エネルギー消費量を正味ゼロにするビルのことだ。完全なるZEBにはまだまだ課題が多いこともあり、ゼロエネルギーの達成状況に応じて「ZEB」、「Nearly ZEB」、「ZEB Ready」、「ZEB Oriented」の4段階が定められている。

現在、日本各地でZEBの認証取得を目指す建造物の企画・開発が進められている。

▼三菱電機の情報技術総合研究所(神奈川県鎌倉市)に竣工した「ZEB関連技術実証棟」は中規模オフィスビルにおいては日本初のZEBを取得!

3Dプリンター住宅など新しい施工法にも注目！

スマートハウスやZEHなどを実現させていくためには、建材や新しい施工法なども重要になってくる。特に家の重要部分となる柱や壁には、丈夫で寿命が長く再利用できる素材が好ましく、人にも環境にも優しいものが求められている。「WPRC」という新素材は、廃棄された木材とプラスチック材でできており、使用後は再リサイクルも可能。また、大手印刷会社の凸版印刷は近年、「IoT建材」に力を入れている。これは床材にIoT（90ページ）センサーを埋め込んだ画期的なものだ。

◀3Dプリンターで家を建築している様子（イメージ）。短期間で自動で家が建てられるため、自然災害の多い日本では必須だともいわれている

世界的に注目されている新しい施工法といえば、3Dプリンターを用いた住宅の建設だ。メキシコで進められている「3Dプリント住宅街」は、わずか60万円、24時間で1棟建つというコスパ抜群の家。また、アラブ首長国連邦のドバイでは2030年までに3Dプリンティング技術を使って、建物の25%を建設することを目標としている。すでに延べ床面積640平方メートル、高さ9・5メートルの世界最大の2階建て3Dプリントの建物も完成し、ギネス世界記録にも認定された。中国やオランダでは、3Dプリンターによる橋も造られている。

日本では大林組が、3Dプリンターでシェル型の幅7メートルの大型ベンチを完成させた。

▶大林組が3Dプリンターで造った、シェル型のベンチ。セメント系材料を用いた3Dプリンター建造物では国内最大規模。今後の展開にも期待大だ！

大林組の3Dプリンターベンチは、特殊モルタルと超高強度繊維補強コンクリートとの複合構造を開発して造ったんだって！

未来の家・ビル 早わかりQ&A

Q スマートハウスって何？

ITで家の中の照明器具や冷暖房設備など（エネルギーを使う機器）を制御し、エネルギー消費を最適化した住宅のこと。

Q スマートハウスで特に注目すべきなのは？

HEMSと呼ばれるホーム・エネルギー・マネージメント・システム。住宅内で使うエネルギーを“見える化”して消費者自らが電力を把握・管理できるんだ。

Q エネファームって何？

ガスを使って自宅で発電するシステムのこと。正式名称は「家庭用燃料電池」で、水素と酸素を反応させて発電させる。CO2排出量も少ないスグレモノだよ！

Q スマートハウスのデメリットや課題は？

導入コストが高額なことが最大のデメリット。そして、最先端の技術が次々に生まれるため周知が困難なのが課題。

Q 省エネの家にするポイントはほかにもある？

エネルギーを効率よく使うために、断熱性の高い壁材を使ったり、窓ガラスを二重構造のものにすることも◎。冷暖房にかかるエネルギーを節約できるよ。また、照明器具はLEDが主流になってきているけど、電圧がかかることで発光する有機EL（エレクトロ・ルミネッセンス）にも注目が集まっているんだ。有機ELは発熱量が少なくてエネルギー効率がいいうえに、自然光にも近いんだよ。

豆知識

横浜市はNTTドコモらと「未来の家プロジェクト」を実施。IoTを活用した家の実証実験中。

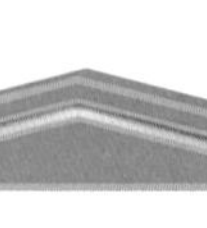

これからの時代の「住みよい都市・まち」、「未来につながる持続可能なまち」ってどんな姿か想像できるかな? 技術がどんどん進歩していくなかで、いま、世界中の多くの都市が注目し、実現に向けて動き出しているのが「スマートシティ」(小規模の場合はスマートコミュニティ/スマートタウンともいう)。

スマートシティとは、ICT(情報通信技術)や、IoT(モノのインターネット)、AI(人工知能)、ロボット、ビッグデータ、5G(90ページ)などの先端技術を活用・融合した安全で便利な、環境にも配慮した地球に優しい都市のこと。病院も学校もオフィスも家も車も、街なかのすべてが互いにつながっていて、情報やエネルギーを共有することができるんだ。

なぜスマートシティが注目されているかというと、「つながる」ことでその都市が抱えている問題を解決しやすくなるし、交通や物流、医療などあらゆる面で最適化された、もっと快適な生活が送れるようになるからだよ。人間が豊かに暮らすために先端技術が支えてくれるんだ。

▼その都市にある学校や店、家、交通機関などすべてがつながっていて、情報のやりとりをしたり、エネルギーをわけあうことができる。それによって時間も電力もムダを省けて快適に過ごせる

Q スマートシティって何?

国によって定義が多少異なるが、国土交通省都市局では、「都市の抱える諸問題に対して、ICTなどの新技術を活用しつつ、マネジメント(計画、整備、管理・運用など)が行われ、全体の最適化が図られる持続可能な都市または地区」と定義しているよ。スマートシティのモデルを早期に実現し、全国展開させていくために、官民が連携して動いているんだ。

Q 世界の巨大なスマートシティはどこ?

中国の「中新広州知識城」は中国とシンガポールが共同で開発していて、2030年の完成時には50万人が住む予定。

Q 日本で人気の街はどこ?

「全国住みたい街ランキング2020(ウェイブダッシュ調べ)」によると、1位は15年連続で「神奈川県横浜市」。2位「北海道札幌市」、3位「東京都港区」。

エネルギー問題に都市レベルで挑む!

スマートシティの大きな狙いのひとつに「新しいエネルギー・ネットワーク・システムの構築」がある。いま世界は深刻なエネルギー問題に直面している。特に日本は世界第4位のエネルギー消費国でありながら、石油や石炭などの化石燃料(96ページ)をもっていないため、エネルギー自給率はわずか12%しかない。未来のことを考えると、都市単位で省エネや創エネに取り組むことが重要なんだ。都市ごとにエネルギーネットワークができることによって、例えば、オフィスビルや学校で発電した電力を病院や蓄電池へ送ったり、自宅で発電して余った電力を役所や商業施設に売ることだって可能。都市単位でムダのない最適なエネルギー分配ができるというわけだ。これをスマートグリッド(次世代送電網)とも呼ぶよ。

ほかにも、各所から送られてくる情報によって最適な移動手段を把握することができたり、災害時の電力や物資の供給も平等に効率よく行える。ドローンが自動で物資や薬を運んできてくれたり、無人の電動コミュニティバスやタクシーが走行することで、ガソリン車が不要になって排気ガスを減らすこともできるぞ!

▲パナソニックら先進企業が100年持続可能な街を目指して、「Fujisawaサスティナブル・スマートタウン」(神奈川県藤沢市)を開発。東京ドーム4個分の敷地に環境に配慮した住宅が約600戸並んでいる

国内外で加速しているさまざまな取り組み

世界のさまざまな自治体や企業がスマートシティ構築を目指して、急速に動き出している。なかでも、アメリカのニューヨークはスマートシティ先進地域として有名。ほかにも、オランダのアムステルダムは世界一の省エネ都市を目指して市民の行動変革から取り組んでいるし、シンガポールは2014年から国を挙げて「スマートネーション(スマート国家)」を目指している。日本では、神奈川県横浜市、愛知県豊田市、京都府けいはんな学研都市(関西文化学術研究都市)、福岡県北九州市が経済産業省の「次世代エネルギー・社会システム実証地域」に選ばれスマートシティの実証実験を行ってきた。また、トヨタ自動車が開発するウーブン・シティ(56ページ)をはじめ、東京都港区で計画されているソフトバンクと東急不動産による街づくりの取り組みなど、注目プロジェクトが続々!

Q 政府のスーパーシティ構想って何のこと?

地域と事業者と国が一体となって目指す取り組みで、次の3要素を満たす都市のことだよ。❶移動、物流、支払い、行政、医療・介護、教育、エネルギーや水、環境・ゴミ、防犯、防災・安全の10領域のうち少なくとも5領域以上をカバーし、生活全般にまたがること ❷2030年頃に実現される未来社会での生活を加速実現すること ❸住民が参画し、住民目線でよりよい未来社会の実現がなされるよう、ネットワークを最大限に利用すること

▲トヨタが開発する未来型都市「ウーブン・シティ」

豆知識 中国のIT企業アリババが中国の杭州市で、グーグルがカナダのトロントでスマートシティを計画。

これからの時代に不可欠な「暮らしの助っ人」たち

AIとロボット

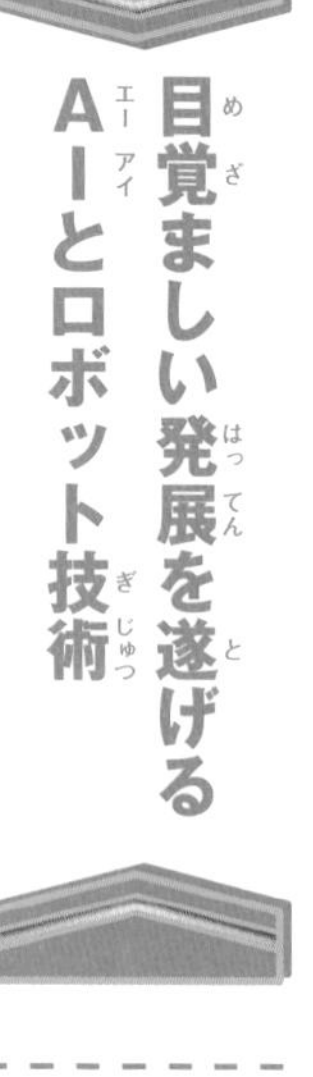

目覚ましい発展を遂げるAIとロボット技術

AIとは「人工知能」のことをいう。では人工知能って何のことだろう？　答えは「コンピューターという道具に、学習や推論、判断、認識など人間の知能をもたせること（あるいはその研究や技術のこと）」。簡単にいうと「人間のように考えることができるコンピューター」だ。

AIのブームが訪れたのは「ディープラーニング（深層学習）」という機械学習の一種が登場してから。人間の脳にある無数の神経細胞（ニューロン）をまねて、機械に学習させる方法をニューラルネットワークと呼ぶが、そのニューラルネットワークを用いて、膨大なデータ量を分析・分類・判断させる学習方法のことをディープラーニングという。ディープラーニングによって、AIは飛躍的に活躍するようになった。

しかし、これは「膨大なデータ」を使用しているだけで、ゼロから考え出す（創造する）ことはAIにはまだできないんだ。

一方、ロボットは「プログラムされた動作を忠実に行う機械や装置」のことをいう。自動的、自律的に行えることもポイントで、人間の代わりに決められた作業をやってくれる。ロボットはバッテリーさえあれば疲れ知らずで長く働けるし、力仕事や単純作業にも向いているんだ。

▲AIは人間のような知能をもったコンピューターのこと。1997年には当時のチェス世界王者にAIが初勝利。その後、オセロ、将棋、囲碁の王者にもAIは勝っている

早わかりQ&A　AIとロボット

Q 日本はロボット大国？

日本は世界一のロボット生産国だよ。経済産業省発表の2019年のデータによると、世界のロボットの6割弱が日本メーカー製（約38万台中21万台）。

Q AIっていつからあるの？

「人工知能」という言葉が初めて使われたのは1956年。アメリカのダートマス大学で行われた会議で提案されたんだ。

Q ロボットの定義を教えて！

経済産業省はロボットのことを「センサー、知能・制御系、駆動系」の3要素を有する機械だと定義しているよ。

Q AIって人間の知能を超えるって本当？

人工知能研究者レイ・カーツワイルによると、2045年には人間の脳を超えるAIが生まれると予測されているよ。

未来の暮らしを救う次世代ロボットに期待！

日本ではいま、農業、サービス、医療・介護、物流、警備、生活、交通などあらゆる分野でロボットの開発・製造が盛んに行われている。なぜかというと、日本は世界でも類をみない少子高齢化問題を抱えており、今後、慢性的な人手不足に陥る心配があるからだ。2030年には総人口の3分の1が65歳以上の高齢者になり、働く世代が大幅に減少。約1・8人が高齢者ひとりを扶養しなければならず、社会保障費の増大も深刻な問題になると予測される。

そこで、政府は2015年に「ロボット新戦略」を打ち出した。これは、ロボット技術によって労働力不足を補ったり、新事業で利益を上げたり、自然災害時にも活用させようというもの。社会のいたるところで急速にロボットの導入が始まろうとしているんだ。

「ロボット新戦略」を成功させるためには、ロボット技術のさらなる進歩が何よりも重要だといえる。テクノロジーの発展で従来のロボットの定義も変わりつつあり、現在は、人間と共存や協働できる「高度なAI（人工知能）を搭載した次世代ロボット」の開発が加速している。2030年には人間の仕事の半分以上をAIやAI搭載の次世代ロボットが担うともいわれているが、「ロボット新戦略」によって日本の課題は解決するのか、期待をされているよ。

いろいろな未来型ロボット

▲トヨタ自動車が2019年に発表した「マイクロパレット」は、電動の自動運転で走行する小型の配達ロボット

▲ファミリーマートが2020年8月に実証実験を開始したロボット「Model-T」。VRを使って遠隔操作で商品陳列をすることができる

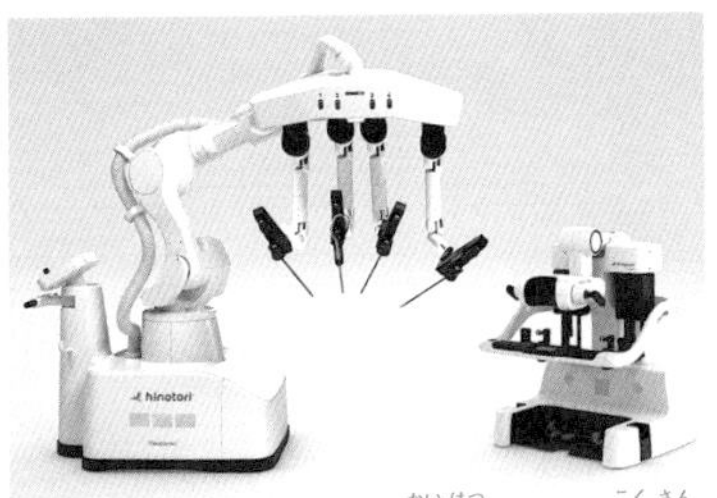

▲メディカロイドが開発した、国産初の手術支援ロボット「hinotori」。2020年8月に製造販売承認を取得！

▲ヤマハ発動機が東京モーターショー2019で参考出展した「ランドリンク・コンセプト」。AI画像認識搭載で自律走行できる未来の作業車

AIやロボットに任せるべきことと、人間にしかできないことを、みんなでしっかり考えることが大事だね！

Q ロボットとドローンの違いは？

ロボットは人の代わりに作業をする機械や装置。ドローンは自律飛行する無人航空機でロボットの一種ともいえるよ。

Q 人間はAIやロボットに勝てるの？

それぞれに違った役割があって、得意なことが違うんだよ。勝敗よりも、お互いの得意分野で助け合いたいね。

豆知識 中国には世界初の「3D・AIアナウンサー」がいるよ。AIだから24時間無休で働けるんだ。

インターネットを介して無限に広がっていく世界

5GとIoT

どんどん進化していく移動通信システム

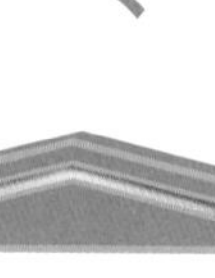

2020年春から「5G」のサービスが始まった。5Gとは「5th Generation」の略で、「第5世代移動通信システム」を意味している。移動通信システムとは、持ち運べる通信機器を使ってコミュニケーションをすること。最初の移動通信は1980年代に普及した「1G」で、初めて実用化されたアナログ方式の携帯電話がこのシステム。データ通信は行えず、通話のみができたんだ。その後、1990年代に2Gが普及。デジタル化されてメールができるようになった。以降、だいたい10年ごとに〝世代交代〟が進み、現在は第5世代（5G）の技術が確立したというわけだ。

なぜこれほどまでに5Gが話題かというと、「超高速・超大容量」「多数同時接続」「高信頼・低遅延」を実現させたから。どれくらいすごいかというと、これまで30秒ほどかかっていた2時間映画のダウンロードが3秒に短縮！　従来の4Gと比べると、通信速度は最大で100倍速くなって、同時多数接続は10倍、遅延は10分の1と圧倒的なパフォーマンスを誇るんだ。送信側と受信側の間のタイムラグが1000分の1秒まで短縮されて、よりリアルタイムで世界中とつながることが可能になったぞ！

ひとっとび！

5G

4G

▲4Gから5Gに進化したことでネット通信によるストレスが軽減。社会や経済システムも向上すると期待されている

5G	4G	3G	2G	1G
2020年代	2010年代	2000年代	1990年代	1980年代
IoT通信	動画通信	高速データ通信	テキスト通信	音声通話のみ

5Gと並んで注目のIoTとはどんなもの？

5Gと合わせて注目されているのが「IoT」。これは「Internet of Things（モノのインターネット）」の略で、「モノ」にも通信機能を搭載し、インターネットに接続・連携させる技術のこと。人間、ペット、自動車、家（家具や家電、ドアなど）、病院、店、交通機関など、現実社会のあらゆる生物やモノがつながることで、情報を共有することができるし、そのモノを遠隔操作することも可能。例えば、エアコンや照明が「いま点いているよ！」と教えてくれたら遠隔で消すこともできる。ほかにも、椅子が体調を教えてくれたり、冷蔵庫が在庫管理やレシピの提案をしてくれる。トイレが尿の状態を通信することで、体調の異変をすぐに医療機関と共有することもできるんだ。

5GとIoT 早わかりQ&A

Q 5Gって何?

第5世代移動通信システムのこと。「高速大容量」「高信頼・低遅延通信」「多数同時接続」という3つの特徴があるよ。

Q IoTって何のこと?

「Internet of Things」の略で、「モノのインターネット」と訳されているよ。現実社会のあらゆるモノがインターネットでつながっていることをいうんだ。

Q IoTで何ができるの?

センサーと通信機能をもったモノたちがいろいろなことを教えてくれるんだ。それによって離れた場所から不具合の確認もできるし、操作することもできるんだよ。

Q IoTってどうして注目されているの?

産業分野で特に注目されているんだけど、理由は少子高齢化問題に直面しているから。AIやロボットと同様に、労働力不足を補うために期待されているんだ。

Q 5GとIoTの相性はいいの?

IoTには5Gが最適だといわれているよ。モノが情報をやりとりするには膨大なデバイス(情報端末)量になって通信量も増え、速度や信頼性も重要だからね。

Q Society5.0の課題はあるの?

実現させるには高度な技術を扱える人材の育成が何よりも重要。課題解決のために、みんなの"力"も必要になるぞ!

豆知識

IoTのデメリットは導入コストが高いこと。また、情報ハッキングの対策などまだまだ課題も多いんだ。

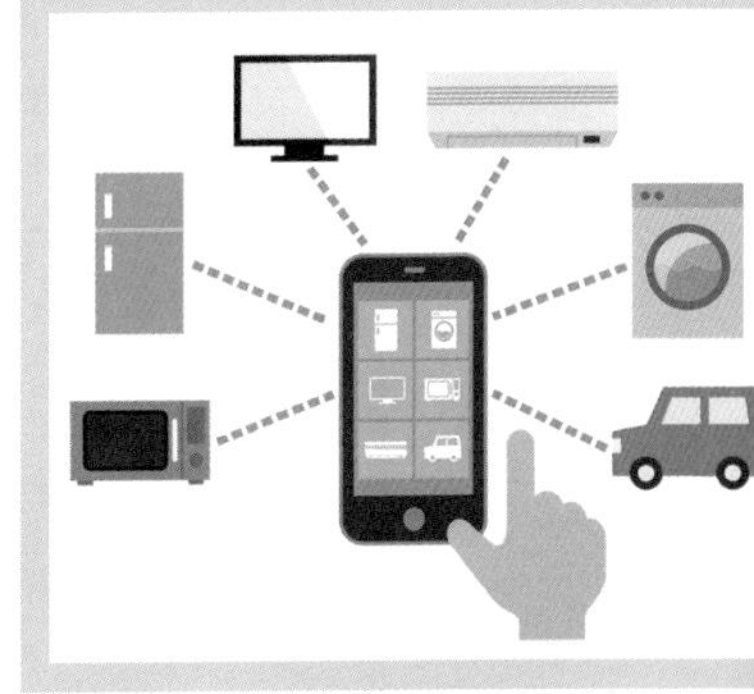

▲さまざまな分野のモノがつながるIoTの世界。インターネットを介して、離れた場所からモノの状態を見たり、データを送ったり、モノをコントロールすることが可能になった

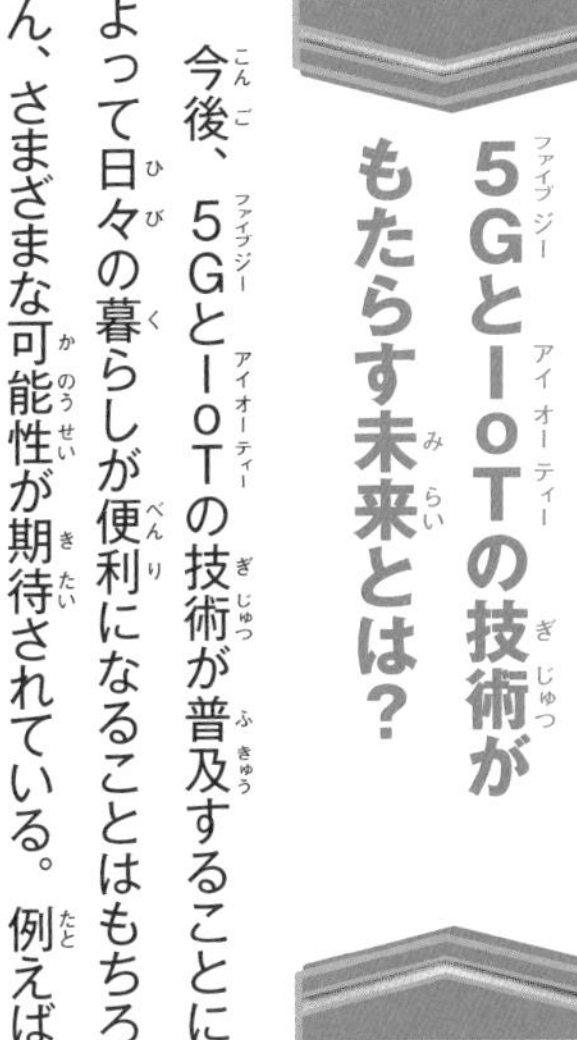

5GとIoTの技術がもたらす未来とは?

今後、5GとIoTの技術が普及することによって日々の暮らしが便利になることはもちろん、さまざまな可能性が期待されている。例えば、遠隔操作による人手不足のカバー。地方や離島などの遠方在住でも、場所の不便を感じることなく遠隔で高度な手術を受けられたり、ロボットを使って遠隔工事も行える。その現場にいちいち足を運ぶ必要がなくなれば、時間を効率よく使えるし、移動による心身の疲れも出ない。また、各産業が横に広がりをもつことで、情報の共有・検索・分析なども効率的に行えるんだ。

このように新しい技術で今までにない価値を生み出し、課題や困難を克服する取り組みのことを「Society 5.0」と政府が名付けた。IoTやAIなどで仮想空間と現実空間を高度に融合させ、モノ、情報、人をひとつにつないで社会全体の最適化の実現を目指すというものだ。技術革新で未来は大きく変わるぞ!

3Dプリンターハウスのデータをインターネットで送って、遠い場所にも家を建てられる時代が近いってことだよね!

自動運転のバスや自動のドローンが物流や交通機関のサポートをしてくれたら、地方に住んでいるおばあちゃんたちも安心だね!

5Gの技術とIoTで、海外に住んでいる患者さんを移動させずに遠隔手術することだってできちゃうね!

現実を超えた世界がどんどん身近になっていく!?

VR（仮想現実）とAR（拡張現実）

一般的になってきたVR・ARの技術とは？

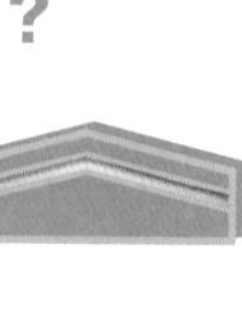

近年、耳にすることが増えた「VR」。これは「Virtual Reality」の略で、日本語では「仮想現実（あるいは人工現実）」と訳される。仮想現実とは何かというと「コンピューターの中に作られた仮想の世界を、現実のように体験させる技術」だ。特殊なゴーグルなどの装置を使って、眺め、音、味、触感などの感覚を私たちの脳に送りこみ、まるで現実のような仮想の世界に入り込ませる。

▲スマートフォンやタブレットなどを使って現実世界に重ね合わせてバーチャル情報を表示させるのが「AR」

「AR」は「Augmented Reality」の略で「拡張現実」と訳される。これは、「現実の世界にコンピューターでCGなどデジタル情報を重ね合わせて拡張させる技術」のこと。社会現象にもなった「ポケモンGO」はAR技術を使った有名なゲームアプリだ。

VRは「現実に似せた世界」を作り出す一方で、ARはあくまでも「現実世界」が主体なんだ。

VRやARによって広がっていく未来

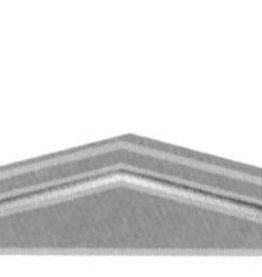

テクノロジーの進化により、圧倒的な高画質と処理スピードの向上で、ぐんぐんリアルさが増しているVRの技術。これまではエンターテインメントを中心に利用されていたが、現在は医療や教育など各分野でも活用されている。例えば、アメリカの大学病院では、医者を目指す学生たちがVRのゴーグルを装着して外科手術シミュレーションを行ったり、臓器の細部を観察するのに利用している。また、長期入院や療養生活のストレス緩和や、痛みを伴う治療の際にもVRが活用されているんだ。

教育の分野では、VRを使った多接続リモー

▲▶トヨタ自動車のコンセプトカー「e-RACER」はVRとAR、両方の技術を取り入れている。専用のデジタルグラスをつけて運転すると、現実世界に好みの仮想景色を重ね合わせられるのだ！

ト授業の実施も始まっている。

ほかに地震や台風などの自然災害のシミュレーションをVRで行ったり、火災時の避難訓練にVRを活用してリアルに近い体験を行うなど、今後も多方面に広がりを見せそうだ。

新型コロナウイルスが加速させたVRのニーズ

2020年、世界は新型コロナウイルスという、肉眼では見えないナノサイズの「敵」に猛威をふるわれ、前代未聞の事態に陥ってしまった。世の中は「密」を避けるために、さまざまな分野で「リモート（遠隔）化」へ大きくシフトしようとしている。こうしたなか、VRはこれまで以上に注目されて、ニーズが加速している。従来行われてきたリアルな展示会やイベントをVRで行ったり、VR空間での会議が急増しているんだ。4～5月に開催された「バーチャルマーケット4」では、休業中の実店舗では働けないショップの店員がVR空間の店で接客するという取り組みを行ったり、8月にはファミリーマートでVRロボット（89ページ）の実証実験がスタート。これまで抱えてきた人手不足の問題にコロナ禍が加わり、今後は一気にVRやARが身近になりそうだ。

コロナ禍によって気軽に旅行も行けなくなってしまったが、例えば、アフリカのサバンナや南米のアマゾン、北極や南極へだってVRを使えば（自分の分身が）気軽に旅できるし、旅先でご当地グルメを味わったり、仲よくなった外国人たちと遊ぶことも夢ではないぞ！

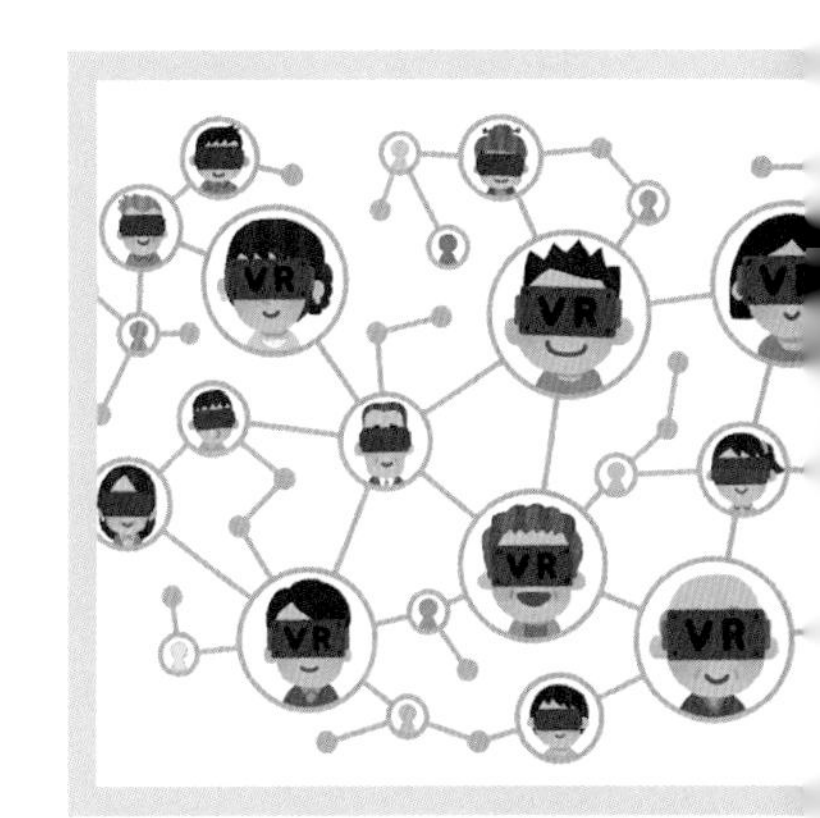

▲5G（90ページ）とVRやARの相性は◎で、国内外の人と気軽につながれる。ライブやスポーツもリアルのように観られるぞ！

同じジュースなのに色によって味覚を変えられる（錯覚させる）VRの研究もされているよ！

VR（仮想現実）とAR（拡張現実）早わかりQ&A

Q VRって何？

体は現実世界にあるのに、意識は架空の世界に入り込んでいること。眠っているときに見る夢のようなものともいえるよ。

Q VRっていつからあるの？

世界初のVR装置は1968年に誕生。頭部を覆うヘッドマウント・ディスプレイをのぞくと3D映像を楽しめたそうだよ。

Q 現実と非現実で混乱することはないの？

事実とは違う情報をユーザーにインプットしたら混乱を起こす危険性はあるよ。VRを体験し続けると体にどのような悪影響が出るかの研究も進められているよ。

Q VRって本当に必要なの？

例えば足の不自由な人が思いっきり走ることを楽しんだり、高い山に登ることだってできる。可能性は無限だよ。

Q MRやSRって何のこと？

「MR」は「Mixed Reality」の略で、複合現実。ARとは逆で仮想世界が主体なんだ。「SR」は「Substitutional Reality」の略で代替現実のことをいうよ。過去と現実がすり替えられる技術だよ。

Q HAって何のこと？

「HA」は「Human Augmentation」の略で、人間拡張のこと。VRやAR、AIなどで人の能力をもっと伸ばしたり強化することだよ。

豆知識 東京大学バーチャルリアリティ教育研究センターは、VRでの教育システム普及を目指している。

よりよい未来のために〝予測して、きり拓く〟

スーパーコンピューター

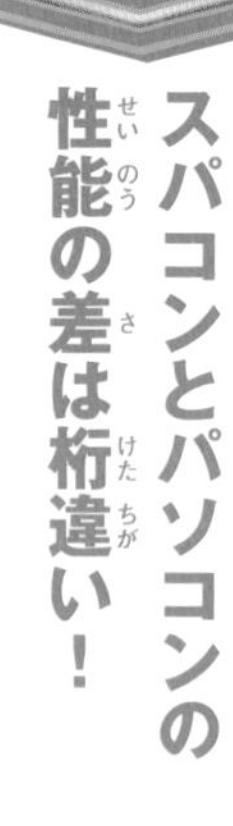

スパコンとパソコンの性能の差は桁違い！

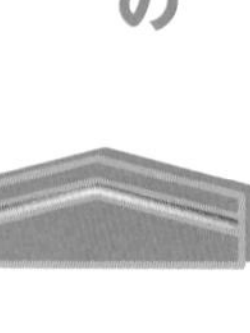

スーパーコンピューター（略して、スパコン）とは、難しい計算をずば抜けて速いスピードで行う、超高性能なコンピューターのこと。では、私たちが使っているパーソナルコンピューター（パソコン）とは、何が違うのだろうか？

▲スパコンは、最先端のテクノロジーを結集したもの。世界中で開発競争が行われている

一般的なパソコンは、インターネットを見たり、画像や映像、音楽を編集したり、キーボードで文字を打ったり、さまざまな使い方ができるように作られている。一方スパコンは、最先端の研究施設で、極限に速い速度で複雑な計算をすることに特化している。それはまるで公道を走るように作られた一般的な乗用車と、専用のレースサーキットで走るＦ１のレーシングカーとを比べるようなものなんだ。

スパコンの機能は飛躍的に進化し続ける

スパコンが高性能なのは、コンピューターの頭脳であるＣＰＵの数が多いから。ふつうのパソコンに入っているＣＰＵはひとつだが、スパコンは数万個のＣＰＵをつなげて連動させる。そのＣＰＵを構成するトランジスタという電子部品の製造技術が進歩してきたため、スパコンの性能もどんどん上がっているんだ。また、トランジスタの材料である半導体と、ＣＰＵ同士をつなぐ通信の速度が向上し続けていることもスパコンの高性能化につながっている。

国が主導して国費を投じ、理化学研究所と富士通が共同開発した「富岳」は、２０２０年６

▲理化学研究所と富士通が共同で開発したスーパーコンピューター「富岳」。432筐体（機器の外側を成す箱）で構成している。（写真提供：理化学研究所）

月、スパコンの計算速度などを競う世界ランキング「トップ500」で世界1位になった。これは「富岳」の前に活躍した「京」が、2011年に世界1位になって以来、約9年ぶりの快挙で、日本の科学技術の高さを改めて世界に証明したんだ。「京」で培った技術や人材などを最大限に活用し、「富岳」の開発ではさらに、使いやすさを重視し、省エネについても考えられたよ。

新車開発、気象、医療、さまざまな未来を支える

超高速で超高性能なスパコンは、どんな分野で活用されているのだろうか？　スパコンがその威力を発揮する分野はさまざまだが、そのひとつに本物をまねた模擬実験がある。例えば新車の開発現場では、以前は多くの試作品を使ってコースで実際に車を走らせて実験を重ねなければいけなかったが、現在は精密なシミュレーションにより、コンピューター上で自動車の衝突時の壊れ方などが解析できるようになった。

そのほか、ゲリラ豪雨をはじめとする異常気象や地震、津波などの自然災害を分析・予測して対処するために活用されていたり、医療の分野では新薬開発などにも利用されている。

スパコンは、もはや、私たちの未来のために絶対に欠かすことのできない“縁の下の力持ち”のような存在でもあるんだ。

▲人的にも経済的にも大きな被害をもたらす台風。スパコンで台風の進路予測など、自然災害予測も行われている

「富岳」は2021年度に運用開始を目指していたけど新型コロナウイルス対策の研究のため、試験利用され始めているんだって！

スーパーコンピューター 早わかりQ&A

Q スパコンてどんなもの？

1秒間に1京（兆の1万倍）といった、ものすごい速さで計算処理をする超高性能コンピューター。「ビッグデータ」と呼ぶ膨大なデータも素早く正確に解析するよ。

Q 「富岳」の計算スピードはどのくらい速いの？

計算速度は毎秒約41京回。「富岳」の旧来機である「京」の40倍に近いスピードで計算できるんだよ。

Q スパコンはどこで役に立っているの？

身近なところでは、台風の進路予測。スパコンの進歩によって、台風の進路の絞り込みが、より正確になってきている。

Q 防災の分野ではどんなことに使われる？

津波が起きた時の動きや気候変動の現象などをからませて計算して、どんな被害が起こるか予測し、防災につなげるよ。

Q スパコンで薬を作るって本当？

薬は病気の原因となるタンパク質と結合する化学物質で作るが、組み合わせは数百億通り。スパコンでその組み合わせを探したり、ヒトゲノムの解析も目指すよ。

Q スパコンよりすごいコンピューターはある？

少ない回数の計算で瞬時に答えを導き出せる「量子コンピューター」の研究が始まっているよ。実現は20年後といわれていて、開発には課題が多いんだ。

豆知識

「富岳」のシステム全体の大きさは、横37×高さ2・2×奥行49メートルとサイズも桁違い！

再生可能エネルギー

環境にも優しく、枯渇しない自然のエネルギー

電気エネルギーの資源「化石燃料」とは？

「エネルギー」とは何か、わかるかな？　エネルギーとは、「仕事をする力」「ものがもっている仕事をする能力」のことを意味するよ。動いているものや動く可能性のあるものすべてにエネルギーがあるんだ。広くとらえると、宇宙も地球もエネルギーによって動いているし、人間の体だってエネルギーがないと動けないね。

エネルギーには「熱を出す」「光らせる」「動かす」「音を出す」の4つの働きがあって、私たちの暮らしに一番身近なのが「電気エネルギー」。テレビや冷蔵庫、エアコン、パソコン、スマートフォン、照明、洗濯機など、生活に欠かせないもののほとんどが電気エネルギーを利用している。この電気エネルギー（電力）は、発電所で作られているが、電力の資源（燃料）となっているのは、石油、石炭、天然ガス。日本にはその資源がないため、90％以上を輸入に頼っているんだ。

これら石油、石炭、天然ガスを「化石燃料」というが、化石燃料を燃やすと、地球温暖化の原因となるCO_2を排出してしまう。また、化石燃料は「枯渇性資源」といって、使えば使っただけ減少し、いつかはなくなってしまうんだ。

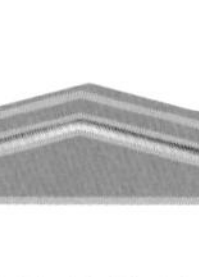

▲資源エネルギー庁が発表している『2019年度エネルギー白書』によると、日本では石炭と石油を資源とした火力発電が、80％も占めている

早わかりQ&A 再生可能エネルギー！

Q 再生可能エネルギーって何？

永遠に枯渇することのない（尽きることのない）、太陽光や風力など自然のエネルギーを発電に用いることだよ。

Q 化石燃料っていつなくなるの？

このまま使い続ければ、石油と天然ガスは約50年、石炭は約110年でなくなってしまうといわれているよ。

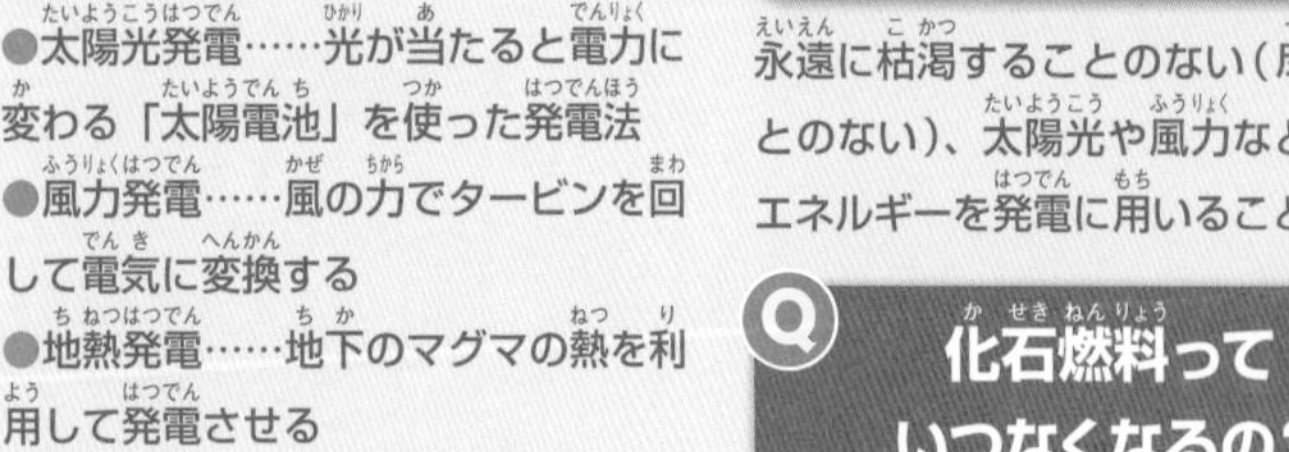

Q 再エネの種類は？

主な再エネは次の通り。

●太陽光発電……光が当たると電力に変わる「太陽電池」を使った発電法

●風力発電……風の力でタービンを回して電気に変換する

●地熱発電……地下のマグマの熱を利用して発電させる

●水力発電……水流の高低差を生かして水車を回して発電する

●バイオマス発電……廃材や生ゴミ、動物の糞を燃やすなどして発電する

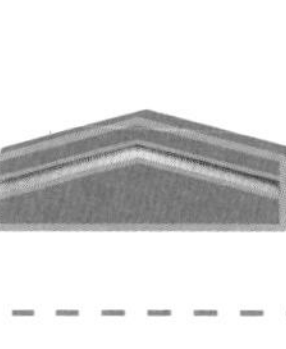

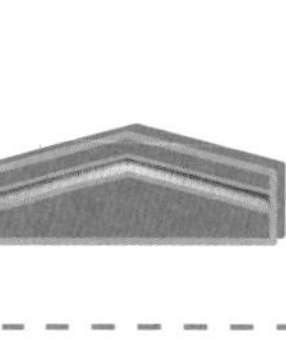
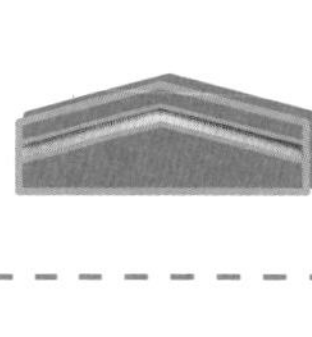
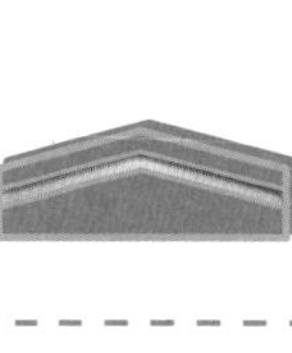

永遠になくならない“自然”のエネルギー

「化石燃料」に依存している現状や問題を解決するために注目されているのが「再生可能エネルギー（略して、再エネ）」。これは、未来エネルギーとも呼ばれていて太陽光、風力、水力、地熱など自然界にあって、使い続けていても決してなくなることのないエネルギーのことをいう。再生可能エネルギーが普及したら、日本は燃料を他国に依存しなくてもよくなるし、化石燃料と違ってCO_2などの温室効果ガスを出すこともないため、地球にも優しい。ドイツでは再エネを導入したことで、資金の節約や資源紛争に巻き込まれることも回避できるうえに、再エネ関連業界への雇用が生まれるなど、いいことがいっぱいあった。一方で、再エネには発電量のコントロールが困難で、季節や天候に発電量が左右されるなどの問題も残されている。

▲福島県には大規模ソーラー施設がいっぱい。「原子力に依存しない安全・安心で持続的に発展可能な社会づくり」を掲げ、2040年までに100%再生可能エネルギーを目指す

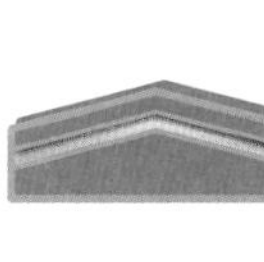
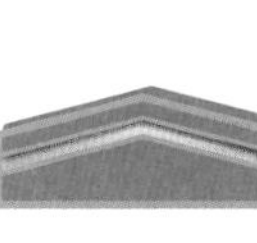

ジワジワと増えている再生可能エネルギー

資源エネルギー庁の発表によると、2019年の日本国内の自然エネルギー発電量の割合は約18%。日本は2030年までに再生可能エネルギーの導入を24%まで引き上げることを目指しているが、これは他国と比べるととても低い目標なんだ。それでも、全国の各自治体は再エネの普及に向けてさまざまな取り組みをしており、再エネの割合が急速に増えた地域もある。例えば、大阪府高槻市では公共施設や小学校の屋上に太陽光パネルを設置して「屋根貸し事業」を進めていたり、兵庫県宝塚市は「宝塚エネルギー2050ビジョン」を策定し、2050年までに家庭・業務・産業用において自然エネルギー活用率100%を目標に取り組んでいる。ほかにも神奈川県藤沢市のスマートタウン（87ページ）など、注目すべき街が全国各地にいっぱいあるんだ。

豆知識 大阪では阪急・阪神電車&東急電鉄が再エネ100%の電車を2020年9月から走らせているよ！

▶東京都檜原村を流れる神戸川支流の「水の戸沢小水力発電所」は水流の高低差91メートルを利用して発電している。こうした「小水力発電」の導入は全国に広がっている

小規模から大規模までいろいろな発電所があるんだね！

▶三重県の青山高原には日本最大規模の風力発電所がある

◀大分県の九重町には八丁原発電所など地熱発電所が点在！

Q おもしろい発電方法もあるの？

ユニークなアイデアもあるよ。例えば、香川県の「うどん発電」は廃棄されるうどんを燃やして発電する。ほかに、トイレに給水するときの水流を活用する「トイレ発電」、踏むだけの「床発電」、騒音を電力に変える「音力発電」なども実験されているんだ。

テクノロジーが生む、これから注目の発電とは？

未来のエネルギーあれこれ

この先、エネルギーの未来は大きく変わるといわれている。最先端の発電技術はどんなものがあるかチェック！

宇宙太陽光発電

宇宙空間に巨大な太陽電池と送電用アンテナを配置し、太陽光エネルギーをマイクロ波で地球に送電し、電力に再変換して利用する。JAXA（宇宙航空研究開発機構）は2021年から実証実験を開始する予定で、2030年の実現を目指している。

月太陽発電ルナリング

清水建設の未来構想「シミズドリーム」のひとつ。「月」の赤道上にリングのように太陽電池を敷き詰めて発電し、地球指向面（常に地球を向く側）からマイクロ波とレーザー光、２種類の技術で地球へエネルギーを送る。

▼環境省の「CO2排出削減対策強化誘導型技術開発・実証事業」（写真提供：神奈川県平塚市）

波力発電

寄せては引く波のエネルギーを利用した発電システム。世界に先駆けた波力発電の実用化に向けて、神奈川県の平塚市で東京大学生産技術研究所などが実証実験中。CO2削減のため、10年後の普及を目指している。

洋上風力発電

◀NEDO（国立研究開発法人 新エネルギー・産業技術総合開発機構）の浮体式洋上風力発電システム

「陸上よりも風況がよく風の乱れが小さい」「土地や道路の制約がなく大型風車の導入が比較的容易」などのメリットがある。欧州を中心に世界的に普及が加速している。

海流発電

日本沿岸を流れる強い海流「黒潮」を利用して、海中に設置した水車を回して発電させる仕組み。IHIとNEDOが実用化に向けて実証実験に取り組んでいる。

▶海流発電システム「かいりゅう」

Check!

大成建設が考えるのはエネルギーも情報も"道路"から

大成建設が打ち出す2030年の未来の都市像は、「誰もがより安全に自由に移動できる都市」。そしてエネルギーも情報も「道路から」を提案している。道路面や防音壁などで自然エネルギーを集め、作った電力は電気自動車の走行中にも充電できる。また、道路自らが位置情報なども伝送する。

日本の技術なら、近い将来「道路発電」ができそうだね！

豆知識 将来は、各種発電方法を組み合わせて社会全体の電力をまかなう「エネルギーミックス」が必須。

ナノテクノロジー

世界を大きく変える超ミクロの先端技術

「ナノテクノロジー（通称ナノテク）」とは、分子や原子のような顕微鏡でも見えない極小サイズ（ナノ）の物質を調査・操作して新しい物質や構造を作り出す技術のこと。ナノは、ミリやセンチと同様に単位の頭につけるもので「1ナノメートル＝1メートルの10億分の1の長さ」なんだ。それは髪の毛1本の太さの10万分の1程度で、想像するのが難しいくらい極小だよ。

ナノテクの技術が進歩すると、素材に今までとは異なる性質が生まれたり、機器や製品に新しい機能を与えたりすることができる。ナノテクは電子機器との相性が抜群といわれていて、機器に使う部品が小さければ小さいほど、機器自体を小型化することができるし、能力をアップさせたり、省エネルギー化させることができるようになるんだ。このように、性能が高くて省電力な微小部品はMEMSと呼ばれ、スマートフォンやテレビといったモノ同士をインターネット通信でつなぐIoTをはじめ、自動運転車やコンピューター、ロボットなど、さまざまな方面のシステムや製品に活用されているんだ。

▲微細構造と表面の特性によって濡れることのない蓮の葉。これをロータス効果といい、ナノテクノロジーの分野でも屋根材や衣服、家具などさまざまなもので再現・開発されている

早わかりQ&A ナノテクノロジー

Q ナノテクノロジーって何？

超ミクロな世界の中で物質を研究し操作することで、これまでなかった新しい物質を作り出す技術のことだよ。

Q どうやったら見えるの？

走査型トンネル顕微鏡（STM）で見られるよ。とがった探針を近づけて流れる電流から形をとらえる仕組みなんだ。

Q ナノのものを教えて！

- インフルエンザウイルス…約100nm
- マイクロプラスチック…20nm～5mm
- カーボンナノチューブ…0.4～50nm

※「nm」はナノメートルの記号だよ。

Q どんなものを作れるの？

電子機器に必要な、精密で高性能な微小電気機械システム（MEMS）や、医薬品、食品などさまざまなものだよ。

実用化されはじめた新しい物質たち

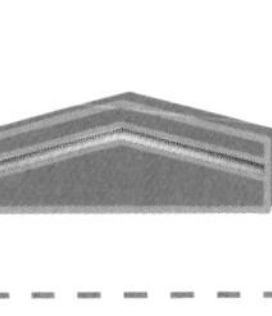
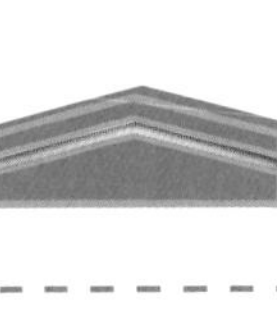

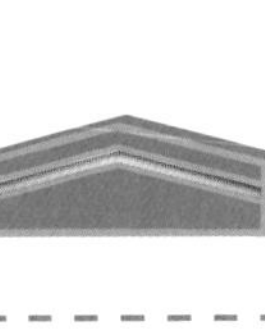

ナノテクノロジーによって生み出された物質のなかには、すでに実用段階に来ているものもある。60個の炭素原子がサッカーボールと同じ形をしているフラーレンという物質は、医薬品や化粧品、スポーツ用品などの部材などへの応用が考えられているんだ。また、炭素原子が金網のようにつらなったグラフェンは、薄くて電流をよく流す性質があり、体内のウイルスを見つけるセンサーとして開発されようとしている。そして現在もっとも注目されている物質は、日本人が研究開発したカーボンナノチューブ（CNT）。フラーレンやグラフェンと同じ炭素原子からできていて、原子がきれいな網目状に並んだ筒型をしている。軽くて強くやわらかく、重さはアルミニウムの約半分、引っ張って伸びる力は鋼の20倍、熱の伝わりやすさは銅の10倍、電流の流れやすさは銅の1000倍もある。使い道は半導体、スーパーコンピューターの高速化、燃料電池への応用などさまざま。

フラーレン
カーボンナノチューブ（CNT）
グラフェン

未来の生活を変えるさまざまな研究と開発

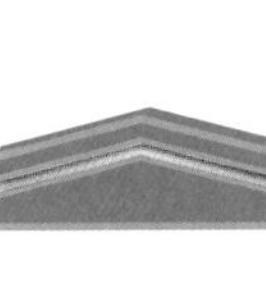

医療の世界では、飲んだ薬が体の中の適した場所で働くようコントロールする、ドラッグ・デリバリー・システム（DDS）への期待が高まっている。食品の分野では、食品を長期保存できる抗菌作用のある容器や包装の開発のほか、味や匂いを正確に分析する人工舌、効率的に有効成分がとれるサプリメントの技術開発なども進んでいる。さらに、海水や地下水をろ過するナノカーボン逆浸透膜の装置やプラスチックゴミを減らすための新素材作り、地球温暖化を防止する研究など、科学者たちは日々、開発への挑戦をし続けているんだ。

Q 誰が発見したの？

フラーレンはイギリス人のクロトーやアメリカ人のスモーリーら3名が発見。カーボンナノチューブ（CNT）は日本人の飯島澄男博士が発見したよ。

Q 体への影響はない？

物質によっては吸引すると肺がんを引き起こす危険性も見つかっている。極小の物質だからこそ、体に与える影響も研究・議論がされているんだ。

◀大林組の宇宙エレベーター（8ページ）はカーボンナノチューブの発見によって実現の可能性が高まった

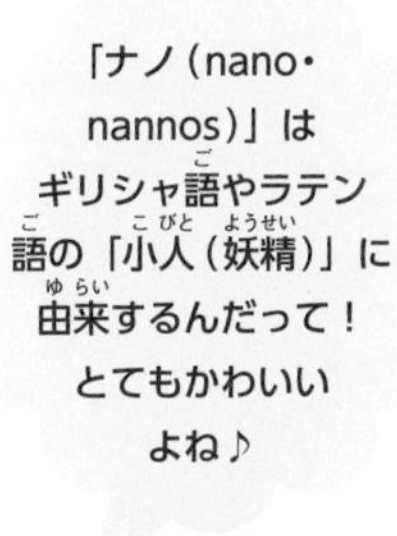

「ナノ（nano・nannos）」はギリシャ語やラテン語の「小人（妖精）」に由来するんだって！とてもかわいいよね♪

豆知識 雨でも使える太陽光パネルや床発電など、ナノテクノロジーの発電装置の技術も成長しつつあるよ。

プラスチック

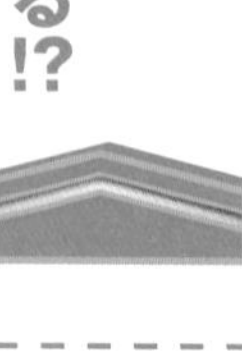

2050年の海は魚よりゴミが多くなる!?

ペットボトルやスナック菓子の袋、レジ袋などあらゆる生活用品の素材として使われているプラスチック。プラスチックは安くて軽く、大量生産しやすい、水に強くて腐らない、扱いやすいといった特徴がある。世界で年間4億トン近くものプラスチックが生産され、日本人ひとりあたりのプラスチック生産量は、年間106キログラムを超えるというデータもある。しかし、プラスチックは便利な素材ともいえる一方で、不適切に処分され海に流れ出た大量のプラスチックゴミが世界中で深刻な環境問題を引き起こしている。このままのペースでは2050年の海は、魚よりゴミの方が多くなるとまでいわれているんだ。また、原料の石油は「限りある資源」で、永遠にあるわけではない。

▲海岸に流れ着いた大量のプラスチックゴミ。深刻な環境問題を引き起こしている

恐ろしすぎる！マイクロプラスチック

現在、世界で毎年800万トンもの海洋プラスチックゴミが発生しているが、特に海洋環境で大きな問題になっているのが「マイクロプラスチック」の存在だ。これは紫外線や水の流れなどの影響で、細かく砕けた微小なプラスチックのこと。海の生物たちがあやまって飲み込んでしまうと、消化することができないので体内にたまり、内臓を傷つけたり腸閉塞を起こし、死んでしまうんだ。人間にとっても無関係なことではなく、マイクロプラスチックを飲み込んだ海洋生物を食べた人間の体にも、いずれ影響が出てくるといわれているんだ。

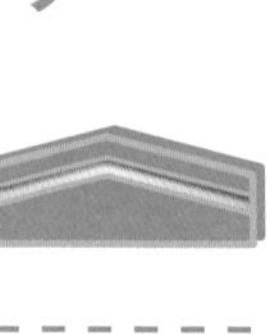

環境の救世主となる？新しいプラスチック

国連や環境省をはじめ、さまざまな企業や機関でプラスチックゴミやマイクロプラスチック問題の研究や調査が行われている。そして環境問題の解決に向けて考えられた新しいプラスチックが誕生した。それは、生分解性プラスチッ

ク（グリーンプラ）とバイオマスプラスチックといい、このふたつを合わせて、「バイオプラスチック」と呼ぶんだ。生分解性プラスチックは、水と二酸化炭素に分解されやすく、〝自然にかえる〟性質がある。それに対してバイオマスプラスチックは〝動植物などの生物に由来〟している。トウモロコシやサトウキビなどの植物や、食物廃棄物、藁など農作物の非食用部、樹木の廃材など再生可能な有機資源が原料というわけだ。これまでプラスチックの原料は石油頼みだったが、バイオ技術の進歩によって環境に優しい、バイオプラスチックの割合が少しずつ増えていくはずだ。

未来の海や魚、環境のことを考えて、私たちができることは何だろう？　まずはレジ袋ではなくマイバッグを使うなど「石油が原料のプラスチックを減らす・なくす」ことから考えよう！

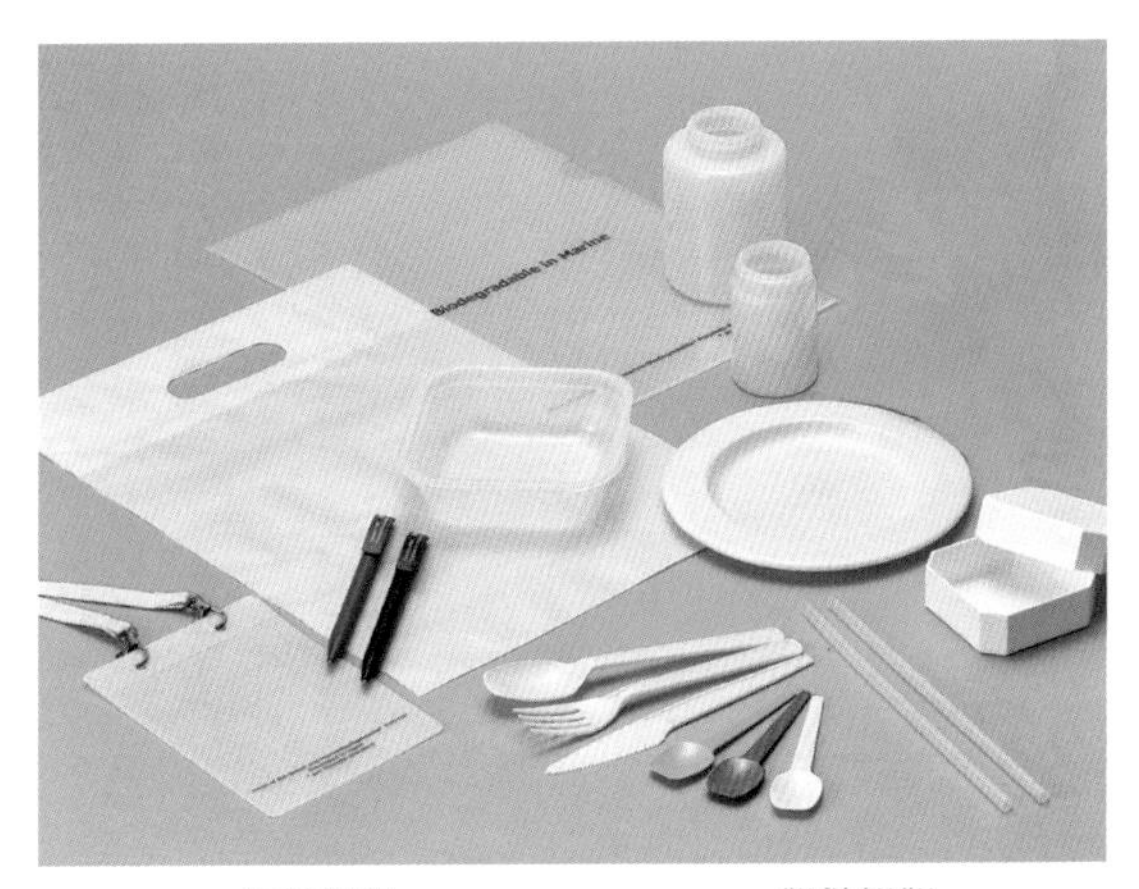

▲カネカの生分解性プラスチック（カネカ生分解性ポリマーPHBH）。植物油を原料に微生物によって生産された。2030年頃までに年間10万～20万トンの生産を目指している

6月5日は「世界環境デー」、6月8日は「世界海の日」だよ。環境問題についてしっかり考えたいね！2021年からは「国連持続可能な開発のための海洋科学の10年」も始まるよ！

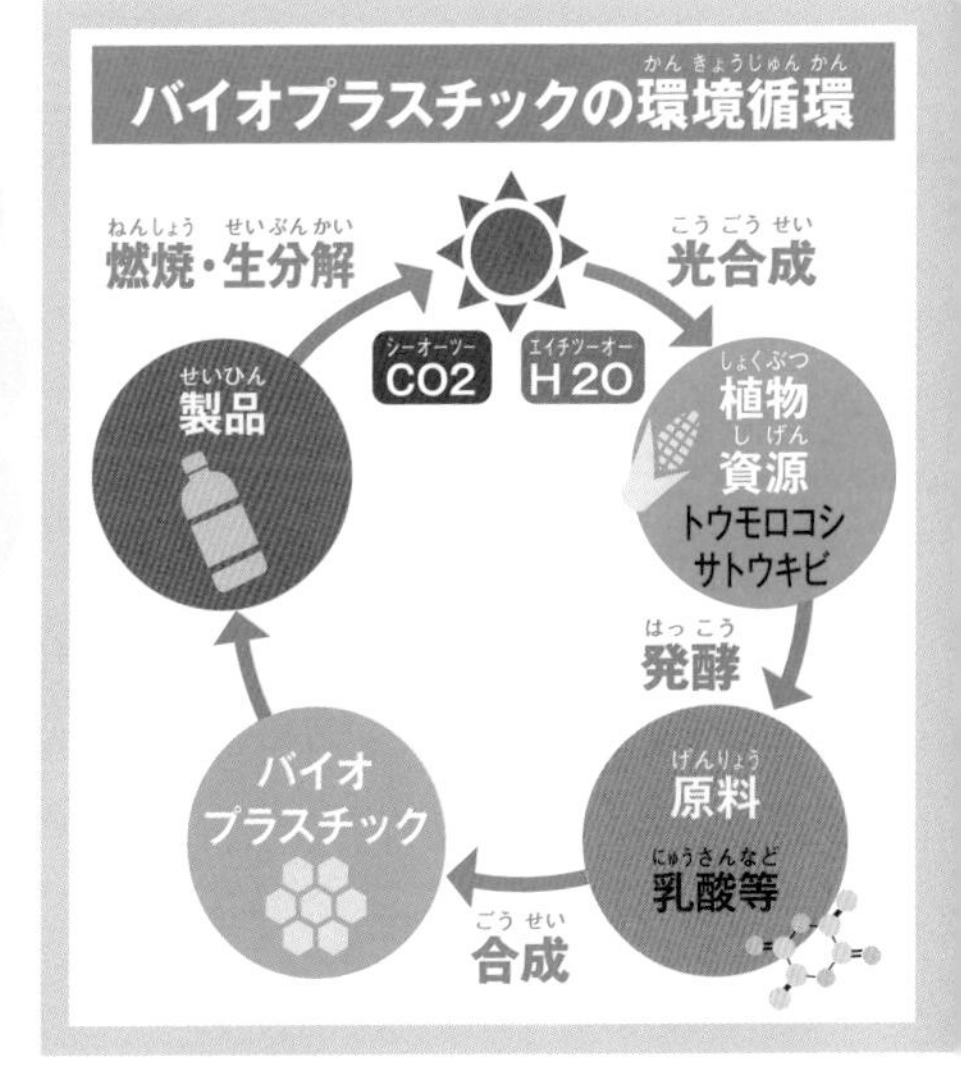

プラスチック 早わかりQ&A

Q これまでのプラスチックの主な原料は？

エチレンやプロピレン、ベンゼンなどの化学物質で、炭素でできた石油が原料。エチレンは炭素と水素がくっついた分子。

Q プラスチック製品には何がある？

ペットボトルや食品の容器、台所用品などの日用品や、文房具、CD、携帯電話、電気製品、建材、医療用品までさまざま。

Q プラスチックはどうして地球環境に悪いの？

自然に分解されないからだよ。毎年800万トンものプラスチックゴミが海へ流出して、生物を傷つけているんだ。また、燃やすと大気中の二酸化炭素が増え、地球温暖化が進むともいわれるよ。

Q 日本はプラスチックゴミが多いって本当？

日本人ひとりあたりのプラスチックゴミの量は、アメリカについで世界第2位。総合量でもインドについで世界5位。

Q ゴミを減らすために何をするべき？

買い物はマイバッグを使い、レジ袋を減らす。ペットボトル飲料はなるべく避けて、マイ水筒を使うなどしよう！

Q 環境に優しいプラスチックを教えて！

微生物が分解できる生分解性プラスチックや、再生可能で大気中の二酸化炭素を増やさないバイオマスプラスチックだよ！

豆知識 日本で発見された細菌「イデオネラ・サカイエンシス」はペットボトルを分解することが判明！

テクノロジーの力で拓かれる新しい農業

スマート農業

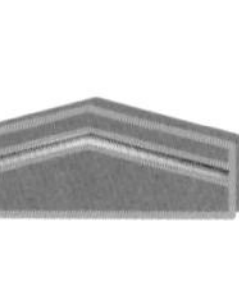

最先端の技術が農業を変えていく!

「農業」とは、田畑などの土地を活用して人間に必要な植物を作ったり、有用な動物を飼い育てること。私たち人間の食糧を得るために決して欠かせない大切な産業だ。しかし、その作業は楽なものではない。毎日の世話が必要だから、真夏の暑い日でも作業しなければいけないこともある。さらに水不足や台風など、天候の影響を受けることで作物の出来が悪くなったり、ときには全滅してしまうことも。また日本の農業は後継者が減っていて、従事する人の高齢化が進み、労働力不足にも悩まされている。それにともなって、放棄や放置される田畑が増えたり、食糧自給率が低くなってしまうという問題を抱えているんだ。

このようなさまざまな問題を解決するために、ICT（情報通信技術）や、IoT（モノのインターネット）、AI（人工知能）、ロボット技術などの最先端のテクノロジーを使った「スマート農業」が注目されている。スマート農業を活用することで、これまで人間が行ってきた作業が省力化され、生産物の品質を上げることも可能になるんだ。働く人々の作業が楽になって、季節を問わずにおいしい作物が安定的に穫れたら、未来の食糧不足問題も解決するぞ!

▲田んぼを見張っている「かかし」。近い将来、「かかし」の役割もロボットが担うはずだ

早わかりQ&A スマート農業

Q ビルの中でも作物が育つって本当?

LED照明を使って水耕栽培が行えるよ。センサーで生育を見て光や肥料の量、温度、湿度などを管理するんだ。

Q スマート農業のメリットは何?

ICTやロボット技術を活用すると、農作業が簡単で便利に。作業面積が大きくても効率よくスピーディーに進むよ。

Q ドローンを使うと何ができるの?

農薬散布や上空からの農地画像のAIでの分析、農作物の生育状況の確認など。農場を荒らす動物も撃退できるよ。

Q AIは味も判断できるの?

おいしくできた作物の色などの状態をデータ化して、センサーで作物ひとつひとつを測定する技術もあるよ。

農作業をアシストするさまざまなロボット

収穫用ロボットは、農作業のなかでも特に重労働な収穫作業を行うために作られた。センサーで地面や障害物の状態を確認しながら走行し、作物の状態も検知。ちょうどよく熟したものと未熟なものとを正確に見分け、収穫ハンドを使って作物を傷つけることなく収穫する。

重たい収穫物の積み下ろしも働く人の負担になりやすい作業だ。ロボット技術を応用したパワー・アシスト・スーツは、モーターの力を利用し、人の動きに合わせて作業を助けてくれるので、楽に力仕事をこなすことができるんだ。

▲2017年創業の「inaho」が開発したAI（人工知能）搭載の自動野菜収穫ロボット。収穫適期の作物を画像認識で判断し、ロボットアームが自動で収穫してくれる

また、使いこなすのが難しいトラクターや田植機、コンバインに関しては、ロボット技術による自動走行システムの開発が進められている。

このように、さまざまな作業がロボットなどの力で自動化されれば、農業初心者でも経験豊富な人と同じように、早くて正確な作業ができるし、作業疲れも少なくなる。またお年寄りでも、仕事を続けることが可能になるはずだ。

データの蓄積と活用で コツや技を次の世代へ！

熟練した農業従事者は、長い年月の間にたくさんの経験を重ねているので、作物を育てるための勘があり、コツも知っている。しかし農業初心者がそれを習得するのは簡単なことではなく、長い年月が必要になってしまう。

現在、ビニールハウス内の温度や湿度、肥料の量、土の水分量、空中の二酸化炭素量などを計測し、データ化する試みが行われている。熟練した農業従事者の技術やノウハウ、判断、経験を、データとして次の世代に継承するためのものだ。このような継承方法が定着すれば、新しく農業にチャレンジしたい人にも心強い！

豆知識 いまのところ、収穫ロボットの作業速度は人間より遅いが、夜でも作業を続けられるのが利点。

Q スマート農業にデメリットもあるの？

スマート化には電子機器などを使わなければならないが、まだまだ新しい技術なので、導入の費用が高いのが難点。

Q これからの課題は？

スマート化のための機械や道具を使いこなせる人を増やすことが大切。人材育成のサポート体制が必要になるはずだ。

◀もっと先の未来では大林組の「コンパクト・アグリカルチャー（44ページ）」ができているかもしれないぞ！

ゲノム編集

望むカタチに遺伝子を変化させる新しい技術

いま、遺伝子工学の世界では、遺伝子の性質を変化させて品種改良をする研究が盛んに行われている。なかでも最先端の編集技術といわれているのが「ゲノム編集」。特別な酵素を使ってDNAの遺伝的に変えたい部分を切断し、遺伝子を思い通りに改変する技術のことだよ。切断されたDNAは細胞本来の働きで修復される。これをくりかえすと修復エラーが生じてその部分の遺伝子が変化したり破壊されたりする。あるいは切断した部分に別の遺伝子を挿入することもできる。こうして今までよりはるかに速いスピードで品種改良が進められるわけだ。

一方、遺伝子組み換えは、ある遺伝子をまったく別の生物のゲノムに取りこんで、その生物に新しい性質をもたせる技術。病害虫に強い、育てやすい、収穫量が多いなど、遺伝子組み換えによって開発された作物は、それぞれに優れた性質をもつ。現在、遺伝子組み換え技術で作られた作物は、南北アメリカをはじめ、中国、インド、南アフリカ、オーストラリアなどで栽培されている。作付け面積は約200万平方キロメートルで、地球上の農地の10%以上を占めるほど。日本では試験的な栽培はされているが、一般的な栽培は認められていない。

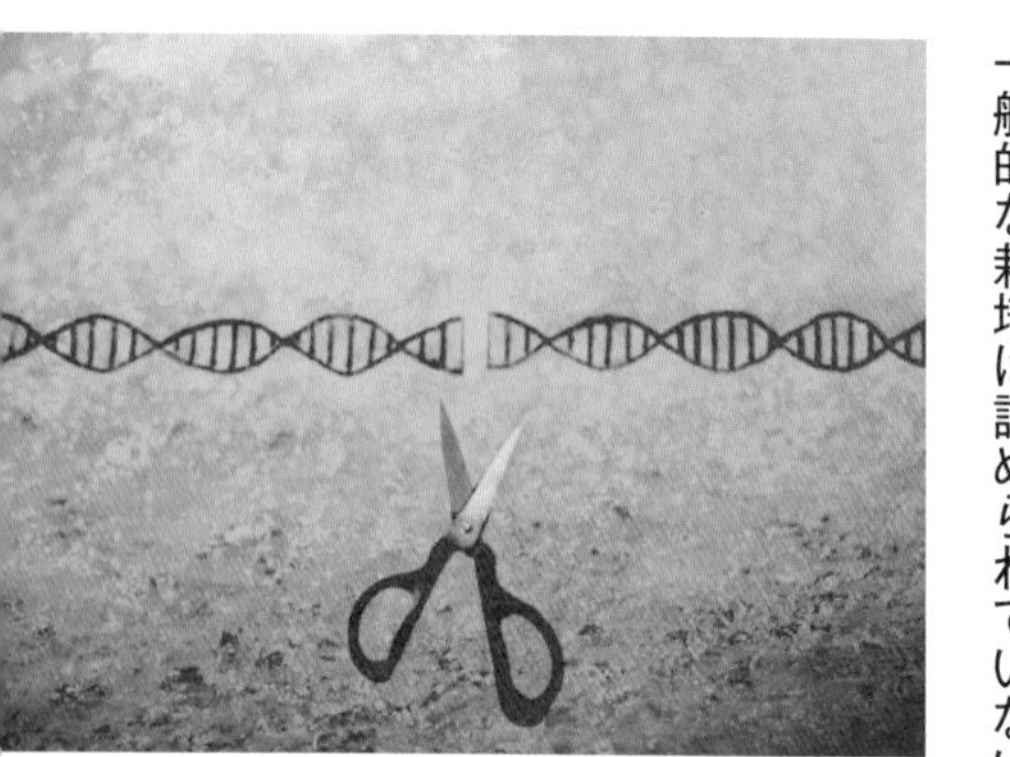

▲生物がもつ「ゲノム」中の特定のDNA配列を狙って切断する技術のことを「ゲノム編集」という。ゲノム編集を行う際に必要なハサミ、「部位特異的ヌクレアーゼ（DNA切断酵素）」は2005年以降に開発された

Q ゲノム（genome）って何のこと？

遺伝子（gene）と染色体（chromosome）からできた言葉。生物の細胞内にある、DNAの遺伝情報のこと。

Q ゲノム編集技術に欠点はないの？

急速に発展した技術なので、遺伝子が想定外の変化をする可能性はゼロではない。開発にはルール作りが必要だね。

Q 日本に遺伝子組み換えした作物はないの？

遺伝子組み換えの作物栽培は禁止だが、飼料用や加工用のトウモロコシなど8作物320品種以上を輸入しているよ。

Q ゲノム編集で作ったアイデア作物はある？

牛のタンパク質を作る遺伝子を組み込んだ、ステーキ味のトマトがあるよ。アレルギー物質の少ない卵もできたよ。

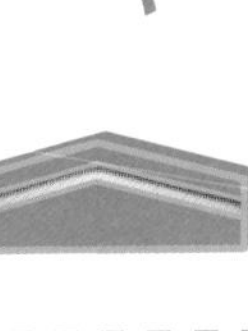

血圧を下げるトマトや肉厚なマダイも開発

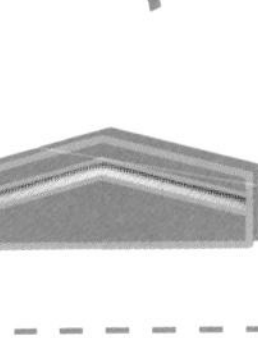

さまざまな食品がゲノム編集によって生まれており、2019年9月には日本でゲノム編集食品が解禁になった。開発者が必要な情報を「届け出」すれば、販売することも可能になったんだ。話題のゲノム編集食品はいろいろあるが、筑波大学で研究されている「高GABAトマト」は、血圧を下げる成分を多く含み、ストレスを緩和する機能もあるとして話題になった。

また、京都大学や近畿大学で共同研究している「肉厚マダイ」は、ふつうのマダイよりも肉の厚みが1・5倍ほどで、筋肉質の締まった身が特徴。ほかにも佐賀県唐津市と九州大学では共食いしにくく養殖しやすいサバの共同開発をしていたり、筑波大学ではクロマグロのゲノム編集技術の研究開発をしている。

またバイオ燃料の分野では、ゲノム編集によって食用油の廃油などの廃棄物をバイオ燃料化する技術が開発された。初期のバイオ燃料はトウモロコシを原料にしていたため、食糧用の作物が減り、価格が上がってしまう問題があったが、食糧でないものを燃料にすれば、そういった問題も解決できる日が到来しそうだ。

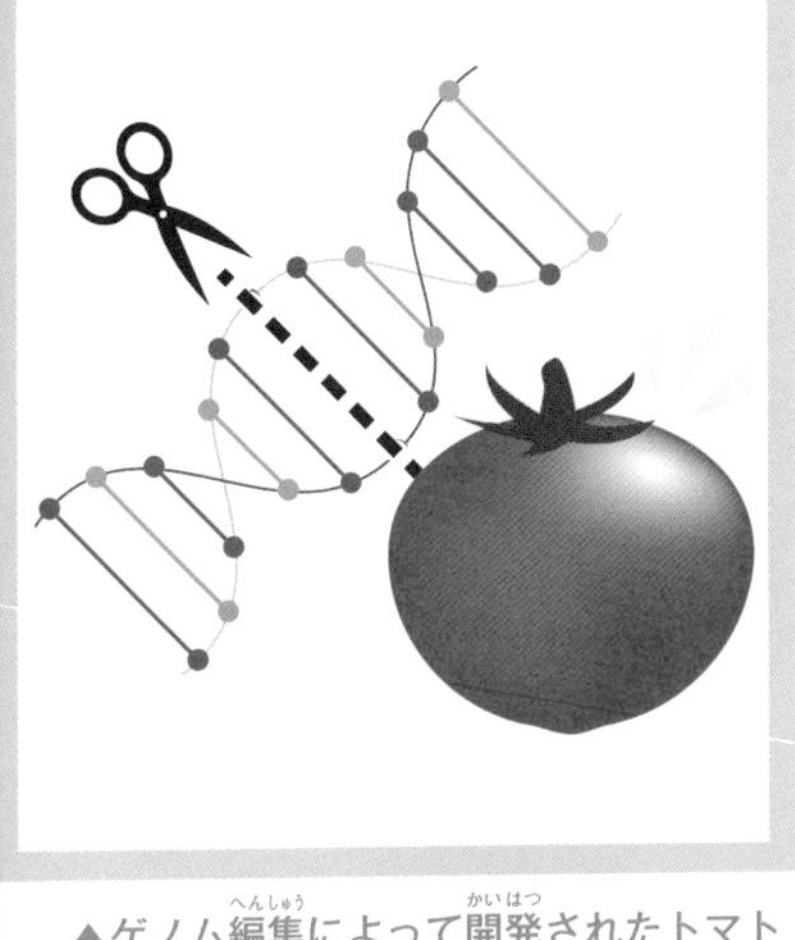

▲ゲノム編集によって開発されたトマトは、リコピンとGABAを含み、血圧を下げる効果があると実証されている

「ゲノム」が未知の世界の扉を開けてくれるはず!

これからは「ゲノムの知識と技術が世界を変える」とまでいわれており、日進月歩で研究が行われているが、まだまだ歴史の浅い分野なだけにわからないことが多い。人体はもちろん、地球環境にも悪影響が出ないよう、さまざまな観点から研究が進められているんだ。2050年には世界的な食糧不足が大問題になると推測されているが、ゲノム編集の技術で解決するという声もある。農業・工業・医療、さまざまな分野で「ゲノム」の未来に注目だ!

豆知識

医療の分野ではガン治療にゲノム編集を用いた「次世代CAR-T細胞療法」の開発中だ。

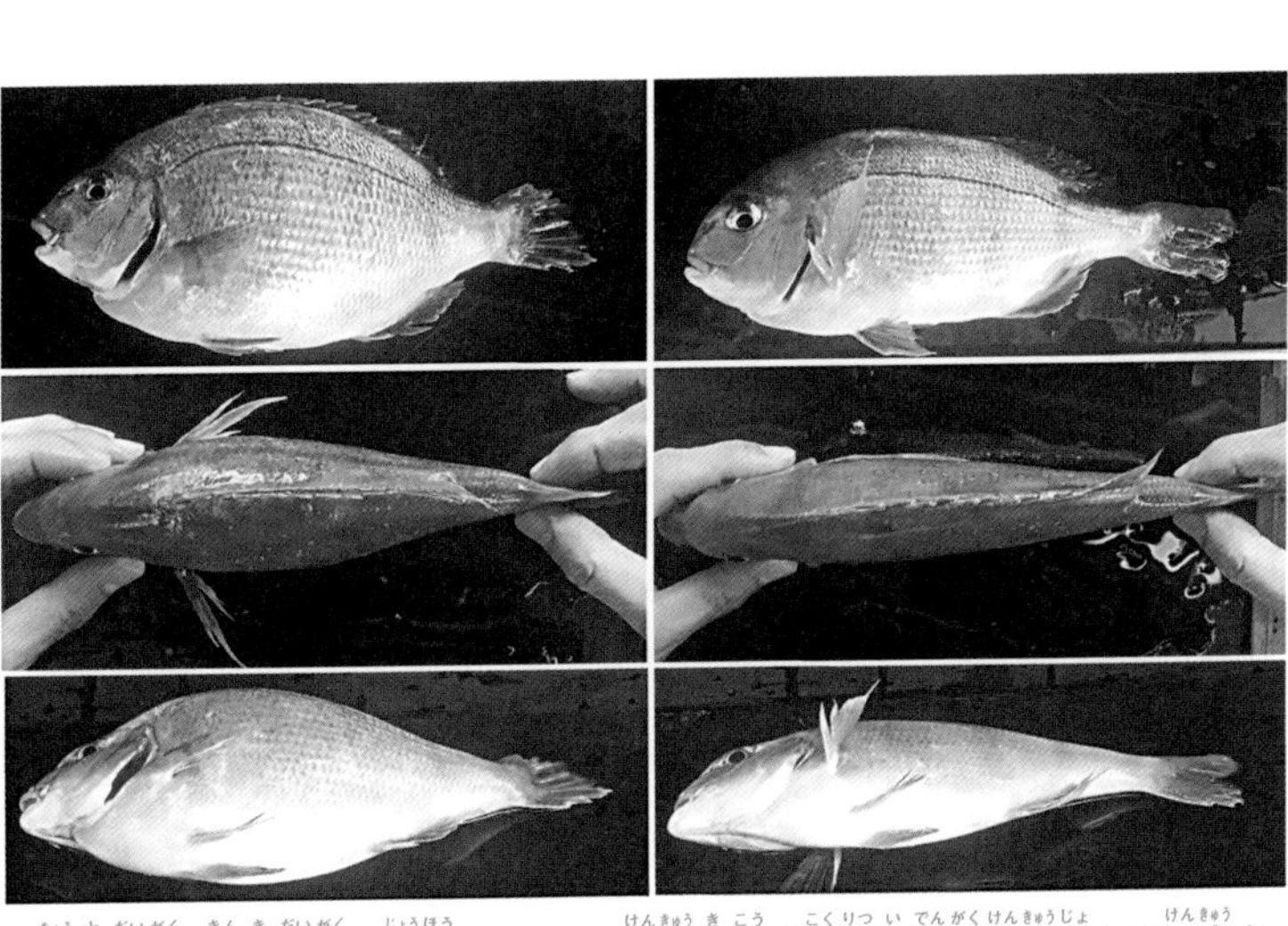

▲京都大学・近畿大学、情報・システム研究機構「国立遺伝学研究所」で研究されているマダイ。写真左がゲノム編集したもので、見るからに「肉厚」

Q バイオ燃料って何?

生物由来の再生可能な資源を発酵させたりして作った、ガソリンや軽油やガスの代替となる燃料のことだよ。

Q 作物の品種改良は何のためにするの?

味や質を上げ、気候の変化や病気にも強くするため。ゲノム編集は作物の性質を大きく変えられる技術なんだ。

ひとりひとりにピッタリ合った治療を施す！

オーダーメイド医療（個別化医療）

個人の体質に合わせて医療を最適化していく

病気になって病院から処方された薬を飲んでも、人によってはまったく効果がなかったり、副作用が出たりすることがある。たとえ同じ症状で同じ薬を同じ量だけ飲んでも、人によって体質が異なり、薬の成分を分解する力が違うことがあるからだ。飲んだ薬が効かなければ別の薬に変えたり、分量を調整したりすることになるが、あらかじめひとりひとりの体質がわかっていれば、それぞれのタイプに合わせた薬を、適量飲むことが可能になる。そうすれば薬の副作用を防いだうえに使用量も減らせ、社会全体の医療費削減につなげることもできる。このように、各自に合わせた治療や投薬を行うことを、「オーダーメイド医療」と呼ぶんだ。

▲人間の遺伝子情報は99.9%は同じだが、ほんの少しの違いが、体質や病状の違いを決める。「究極の個人情報」ともいわれている

DNAに刻まれているひとりひとりの体質

ひとりひとりの体質が異なる主な原因は、遺伝子の違いによるもの。人の体の細胞には核があり、核の中には細長い、らせん状の形をしたDNAが入っている。遺伝子はそのDNAに刻まれていて、アデニン（A）、チミン（T）、グアニン（G）、シトシン（C）という4つの塩基（酸と反応して塩を生ずることのできる化合物）からなっている。4つの塩基が30億も並んでいるという配列の一部に、タンパク質を作るための情報が記録されているんだ。遺伝子とは記録された遺伝情報部分のことを指し、DNAや遺伝情報すべてをまとめて「ゲノム」と呼ぶ。タンパク質は体を作るもとであり、酵素となって体の中でさまざまな働きをする。タンパク質

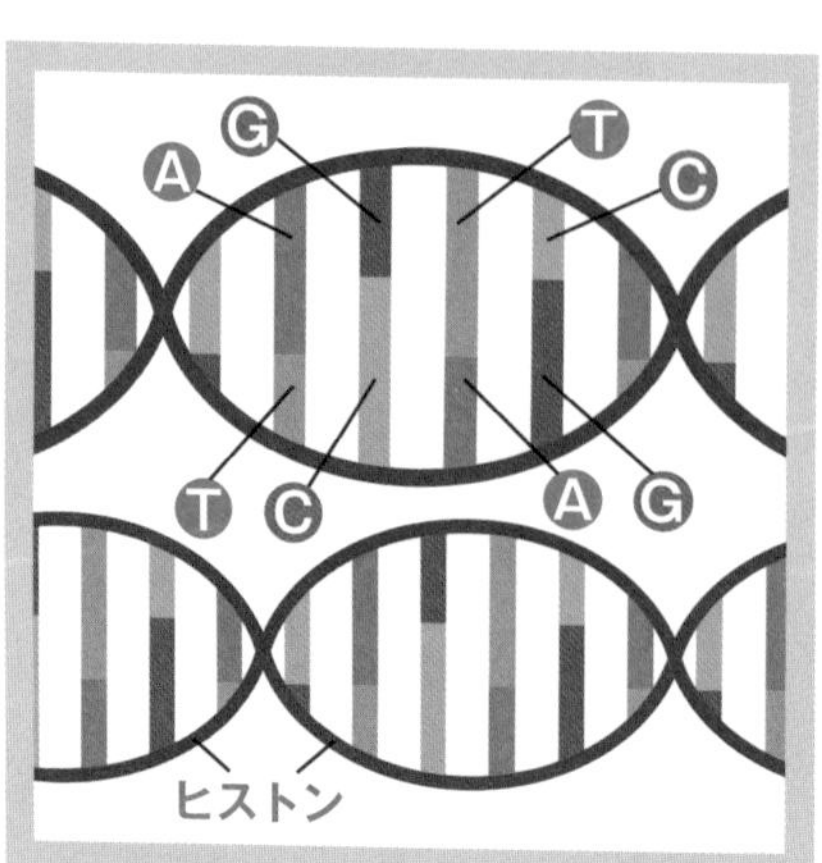

▲DNAは細胞の核のなかにあり、ヒストンというタンパク質に巻きついて収納されている。DNAは必ずAとT、GとCの組み合わせ

が適した場所で働くかどうかが、健康に影響するんだ。ゲノムの情報は人によって少しずつ異なり、その違いが体質の違いになる。薬の効き方の違いは、遺伝情報がそれぞれ異なるためで、薬を分解するタンパク質の働き方も異なってくるんだよ。

ゲノム情報を病気の治療と予防に生かす！

オーダーメイド医療を実現させるには、DNAの塩基配列を読み取る必要がある。かつて、DNAの読み取りは時間のかかる作業だったが、現在はコンピューターを使って自動的に解析できるようになっている。ゲノム情報の読み取り技術の進歩によって、病気の原因となる情報を選び出し、新薬の開発が行われるようになってきた。将来的には、ひとりひとりのゲノム情報をもとにして、その人に合わせた薬が作られるようになるだろう。また、個人の遺伝子を検査し、将来かかりやすい病気を教えてくれるサービスも行われるようになってきた。オーダーメイド医療というものが、夢物語ではなく現実になりつつあるんだ。実際にガンの治療では、患者のガン細胞の遺伝子を調べ、その結果をもとにして治療方針を決める「ガンゲノム治療」がすでに始まっている。

私たちひとりひとりが「自分のゲノム情報を知って、健康管理や治療に生かすことが当たり前」という時代がすぐそこまで来ているぞ！

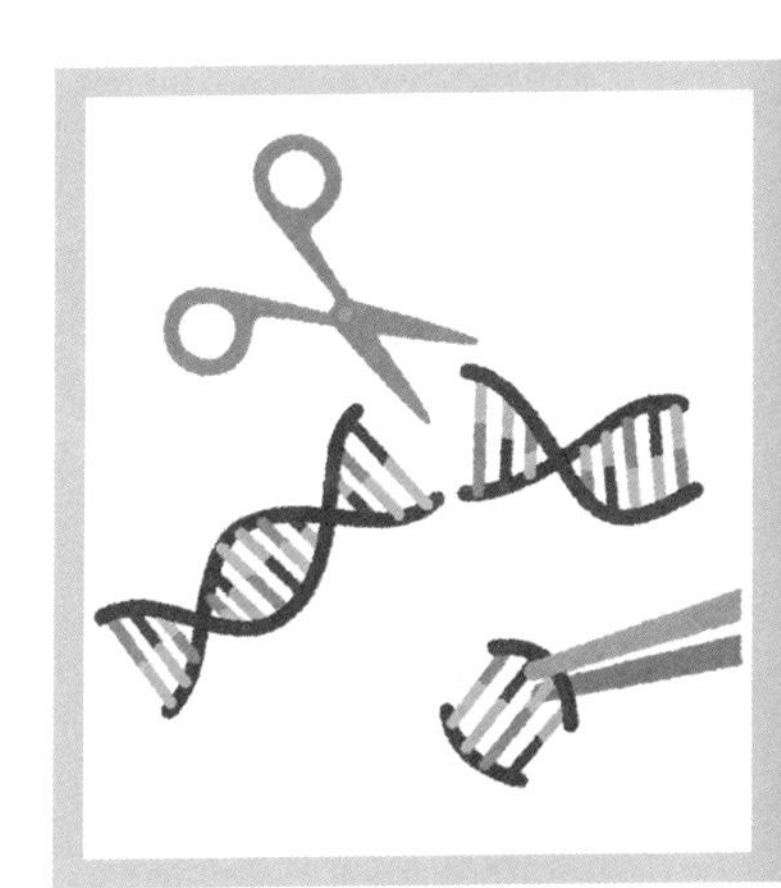

▲特定のDNA塩基配列を切断や置換をして、オーダーメイド医療を実現させる

オーダーメイド医療 早わかりQ&A

Q テーラーメイド医療との違いは何？

同じものをいうよ。テーラーメイドは英語で、オーダーメイドは和製英語なんだ。テーラーは服の仕立屋やその職人の意味。

Q 自分と同じゲノム情報をもつ人は絶対にいないの？

DNAの塩基配列がまったく同じなのは、一卵性双生児だけ。親子も兄弟も違うんだ。ゲノム情報は人によって少しずつ違うため、体質の差ができるんだよ。

Q ガンという病気の原因は何なの？

ガンはいくつもの遺伝子が変異を起こすことで発症する。現在はガンに関連した遺伝情報をもとに治療薬が作れるんだ。

Q DNAと遺伝子との違いは何？

遺伝子とは親から子へ形質を伝える情報そのもののこと。遺伝子をもつ本体となる物質がDNAで、デオキシリボ核酸の略。

Q 私たちが病気になるのはすべて遺伝子のせい？

生活習慣病と呼ばれる糖尿病や高血圧はいくつかの遺伝子が関係するけど、ふだんの食生活や運動も大きく関係しているよ。

Q ゲノム創薬って何のこと？

病気の原因となるゲノム情報のデータベースをもとにした薬作りのこと。ターゲットがはっきりしているから薬の完成までの時間が短くてコストも下がるんだよ。

豆知識 今後は「肺ガン」「大腸ガン」など臓器別の治療はなくなり、遺伝子ごとの治療になるともいわれているよ。

おわりに

「未来の全ては〝想像〟と〝構想〟からできあがる！」

『こんなにスゴイ！　未来のせかい』はどうだったかな？　数年後の近未来から数十年後の遠い先の未来まで、いろいろなものができる（あるいはできるかもしれない）ことがわかったね。

紹介したすべてのものは、いまの地球が抱えている環境やエネルギーなどの問題を考えたうえで、人々の心や暮らしがより豊かになるために、専門家の先生やその道のプロフェッショナルたちが、たくさんの人と協力して生み出してくれているんだよ。

そう、「未来のせかい」とは、まずは〝思いを巡らせる〟ことからすべてが始まっているんだ。どうやったら造れるのか、どんな素材を使ったら丈夫で、地球にも優しいのか、どうしたらもっと便利で快適になるのか、どうしたらムダを省けるか、どんなデザインにしたらもっとカッコよくなるか、など……。いろいろな人の、いろいろな思いが複合的に重なり合って、具現化していくんだよ。

想像力は未来だ！
人への思いやりだ！
それをあきらめた時に
破壊が生まれるんだ
ドラえもん

成功しない人が
いたとしたら、それは
考えることと、努力すること、
このふたつをやらないからでは
ないだろうか
トーマス・エジソン

空想は知識より
重要である。
知識には限界がある。
想像力は世界を
包み込む
アインシュタイン

君が描く「ワクワクする未来」ってどんなせかいかな？　月で暮らしている？　深海を自由自在に探検している？　それとも空飛ぶクルマやバイクで日本中を飛び回っているかな？

まずは、〝思いを巡らせる〟〝考える〟ことからやってみよう！　本気で想像や構想を続けたら、この本で紹介した「未来のせかい」よりも、もっとスゴイせかいが、夢ではなくなるかもしれないよ！

編集協力・写真協力

★大林組（表紙カバー、p.1、3、5、7、8-11、30-55、83、85、101、105）※出典「季刊大林」
★清水建設（表紙カバー、p.2、5、7、12-15、18-29、98）
★ispace（p.2、16-17）
★トヨタ自動車（表紙、p.4、56-59、64、77、80-81、82、83、87、89、92）
★経済産業省（表紙カバー、p.62）※画像は経済産業省ウェブサイト（meti.go.jp/press/2018/12/20181220007/20181220007.html）
★CARTIVATOR／SkyDrive（p.3、61、63）
★JAL（p.4、61、64、71）
★スカイ・リンク・テクノロジーズ（p.3、65）
★エアバス（p.66、71）
★現代自動車（p.66）
★プロドローン（p.67）
★株式会社A.L.I. Technologies（p.3、68）
★テトラ・アビエーション（p.3、69）
★JAXA（p.61、70-71、83、98）
★オーシャンスパイラル（p.4、61、72）
★日本郵船（p.73）
★日本財団（p.73）
★イギリス国防省（p.73）
★ボルボ・カーズ（p.61、74-75）
★本田技研工業（p.4、75）
★日産自動車（p.4、61、76）
★トヨタ車体（p.76）
★JR東海（p.4、78-79）
★ブリヂストン（p.81）
★三菱電機（p.5、84）
★Fujisawa SST協議会（p.83、87）
★ファミリーマート（p.83、89）
★株式会社メディカロイド（p.89）
★ヤマハ発動機（p.89）
★理化学研究所（p.94-95）
★檜原水力発電株式会社（p.97）
★新エネルギー・産業技術総合開発機構（NEDO）（p.99）
★株式会社IHI（p.99）
★環境省「CO2排出削減対策強化誘導型技術開発・実証事業」（実施者：東京大学生産技術研究所、川崎重工業、東京久栄、吉田組）、神奈川県平塚市（p.83、99）
★大成建設株式会社（p.99）
★カネカ（p.5、103）
★inaho株式会社（p.105）
★京都大学、近畿大学（p.107）
★AC
★photolibrary

参考文献

『日経テクノロジー展望2020 世界を変える100の技術』（日経BP）
『先端技術の教科書』（日経BP）
『ドラえもん 科学ワールド 未来のくらし』（小学館）
『2030年の世界地図帳』（落合陽一／SBクリエイティブ）
『働き方5.0 これからの世界をつくる仲間たちへ』（落合陽一／小学館）
『いまこそ知りたいAIビジネス』（石角友愛／ディスカヴァー・トゥエンティワン）
『5Gビジネス』（亀井卓也／日本経済新聞出版）
『2060 未来創造の白地図 ~人類史上最高にエキサイティングな冒険が始まる』（川口伸明／技術評論社）
『トコトンやさしいゲノム編集の本』（宮岡佑一郎／日刊工業新聞社）
『ゲノム編集からはじまる新世界 超先端バイオ技術がヒトとビジネスを変える』（小林雅一／朝日新聞出版）
『プラスチックの現実と未来へのアイデア』（高田秀重／東京書籍）
『「再エネ大国 日本」への挑戦(SDGs時代の環境問題最前線)』（山口豊／山と溪谷社）

★監修　増田まもる

英米文学翻訳者。主訳書：ニール・F・カミンズ『もしも月がなかったら』『もしも月が2つあったなら』『恐竜アトラス』（以上、東京書籍）、バラード『ミレニアム・ピープル』、マーチン『フィーヴァー・ドリーム』、マコーマック『パラダイス・モーテル』（以上、東京創元社）、テッパー『女の国の門』、バンクス『フィアサム・エンジン』（以上、早川書房）ほか多数。監訳書：『新訂版 信じられない現実の大図鑑』『信じられない現実の大図鑑②』（以上、東京書籍）。

★編集　宮嵜節子、瀧澤能章（東京書籍）

★執筆　宮嵜節子、平沢千秋、高橋 陽

★校正　槍楯社

★本文デザイン・DTP　岸麻里子

★装丁　金井 充（フラミンゴスタジオ）

こんなにスゴイ！
未来のせかい

2020年12月4日　第1刷発行

監　修　増田まもる
発行者　千石雅仁
発行所　東京書籍株式会社
東京都北区堀船2-17-1　〒114-8524
電　話　03-5390-7531（営業）、03-5390-7505（編集）
印刷・製本　株式会社リーブルテック

ISBN 978-4-487-81428-2 C8050

東京書籍ホームページ https://www.tokyo-shoseki.co.jp